『家风的力量』系列丛书

红色家风 薪火相传

姻与家庭杂志社 编

编 刘萍

刘 乔迁

中国妇女出版社

图书在版编目（CIP）数据

红色家风　薪火相传 / 婚姻与家庭杂志社编. -- 北京 ：中国妇女出版社，2023.10（2025.7重印）
（“家风的力量”系列丛书）
ISBN 978-7-5127-2332-0

Ⅰ.①红…　Ⅱ.①婚…　Ⅲ.①家庭道德－中国　Ⅳ.①B823.1

中国国家版本馆CIP数据核字（2023）第191631号

项目统筹：万立正
责任编辑：陈　元
封面设计：李　甦
责任印制：李志国

出版发行：中国妇女出版社
地　　址：北京市东城区史家胡同甲24号　　邮政编码：100010
电　　话：（010）65133160（发行部）　　65133161（邮购）
网　　址：www.womenbooks.cn
邮　　箱：zgfncbs@womenbooks.cn
法律顾问：北京市道可特律师事务所
经　　销：各地新华书店
印　　刷：北京中科印刷有限公司

开　　本：160mm×230mm　1/16
印　　张：14.25
字　　数：159千字
版　　次：2023年10月第1版　　2025年7月第6次印刷
定　　价：58.00元

“家”故事
大家讲
大家读

楼宇烈
戊戌冬

楼宇烈，北京大学哲学系教授，北京大学哲学系东方哲学教研室主任，北京大学宗教研究院名誉院长，北京大学学术委员会委员，健坤慈善基金会家风顾问。

本书编委会

策　　划：乔　迁

主　　编：刘　萍

执行主编：陈思慧　马世樱　韦秋桦

编　　委：董　颖　付　洋　李　津　王柏程

序 传承好家风 兴家强国

我开始策划“家风的力量”系列丛书的起因，要从我的母亲说起。

母亲80岁生日之前，我一直在考虑应该送给母亲一件什么样的生日礼物。母亲从小寄人篱下，艰苦的生活促使母亲少年自立，她抓住一切机会努力学习，强化自己，在学习中非常坚忍，在工作中异常努力，她46岁改行，68岁学开车……

回顾母亲八十年的人生经历，我突然意识到，这分明就是一部鲜活的人生励志教科书！几十年来，正是母亲锲而不舍的精神一直激励着我不断前行，让我坚信只要向着目标不懈努力，终将有收获。我更坚信，母亲的经历也会激励、启发更多的人，于是《我的偶像是妈妈》诞生了。这也是我创立健坤慈善基金会的第一个公益项目，“我的爸爸妈妈”系列丛书的第一本。

在这本书中，我不仅记录了母亲的成长过程，同时也记录了母亲教育子女、操持家庭的理念。父母的言传身教，几十年来潜移默化影响着自己，激励着自己，成就着自己。从那之后，我对家庭家教家风进行了深入的思考。我发现，中华民族是一个有着治史传统的民族，爸爸妈妈的故事，祖辈们的故事，他们曾经经历的生活，就是一个家庭的历史，无数个家庭的历史，就构成了我们中华民族伟大历史的一部分。

由此，健坤慈善基金会“家风的力量”系列丛书酝酿而出。丛书梳理不同行业、不同群体，将有着共同背景的10位家风人物结集成册，以口述历史的形式挖掘各行各业有杰出贡献者的优良家风，尤其是家庭家教家风在他们人生关键时刻的重要影响。丛书记录了他们在平凡的生活中，蕴含着坚忍、顽强、豁达、善良的品格。书中不仅讲述了他们的人生故事，更是在传承他们为子孙后代留下的清白家风，进而为全社会树立家风典范。丛书旨在充分发挥家风涵养道德、厚植文化、润泽心灵的德治作用，通过榜样引领、思想引领，弘扬优良家风中蕴含的社会主义核心价值观，讲好中国家庭故事。

中国人历来讲究“修身齐家治国平天下”，进入新时代以来，国家领导人更是重视家风文化的建设。习近平总书记说：“家庭是社会的基本细胞，千千万万个家庭的家风好，子女教育得好，社会风气好才有基础。”

我认为“授人以鱼，不如授人以渔”。我们希望通过这套丛书，带给普通家庭的父母一种教育理念，带给寻常人家的子女一种向上的动力。

我希望通过传承优良家风，让年轻人更懂得孝敬父母，珍惜美好生活；让父母懂得应该如何培养孩子独立生活的能力；让那些接受挑战的人拥有强大的内心去战胜困难；让那些已经获得成功的人更愿意去回馈社会……更希望通过家风的力量，增进人们对家的深情，对国的热爱。

无论是“修身齐家治国平天下”的成德，还是“老吾老，以及人之老；幼吾幼，以及人之幼”的爱之延伸，爱家爱国、由私而公的家国情怀一直是中华传统文化所倡导的价值理念。每个人孝亲敬长、安居乐业，每个家庭都为中华民族这个大家庭作出贡献，才能集腋成裘、聚沙成塔，汇聚成强大的力量，实现中华民族伟大复兴。

帮助全社会重塑良好的家风，弘扬正能量，这是一种精神层面的慈善。

不忘初心，方得始终。

乔　迁

主编寄语

言传身教树家风 修身齐家作表率

为落实党的二十大精神，婚姻与家庭杂志社与健坤慈善基金会精心策划推出“家风的力量”系列丛书，通过生动讲述不同群体的家风故事，促进家庭家教家风建设。

心理学家说过：“一个人和他的原生家庭有着千丝万缕的联系，而这种联系有可能影响他的一生。”父母的一句话、一个举动或一个习惯，常常不经意间便在孩子心中打下深深的烙印，从而对他们未来的精神信仰、价值观念、兴趣爱好、职业选择、行为习惯以及意志品质产生深刻的影响。

人们把这种看不见、摸不着，但属于一个家庭特定的精神层面的价值取向与行为准则定义为家风。而通过父母的言传身教一代代传承并发挥作用的影响力，就是所谓“家风的力量”。

家风的力量，是一种无形但强大的力量。它像一把刀，塑造和雕刻着一个人的精神世界；它也像一缕风，催生和激发了一个人的内在动力；它更像一场雨，滋润和涵养着一个人的崇高境界。

家风的力量不仅仅体现在对个体的影响，它还关系到民风、社风、党风。“千千万万个家庭的家风好，子女教育得好，社会风气好才有基础。”党的十八大以来，习近平总书记围绕注重家庭家教家风建设发表系列重要论述，强调不论时代发生多大变化，不论生活格局发生多大变化，我们都要重视家庭建设，注重家庭、注重家教、注重家风。这其中，党员和领导干部的家风建设尤为关键，领导干部的家风，不是个人小事、家庭私事，而是领导干部作风的重要表现。作为关键群体，党员领导干部注重家庭家教家风建设具有特殊重要意义，事关自身的成长，事关家庭的幸福，事关党和国家的事业。领导干部必须修身律己，时刻自重自省自警自律，做到慎独慎初慎微慎友，带头在廉洁治家上作表率。2022 年 6 月 8 日，习近平总书记去眉山考察时再次强调：“党员、干部特别是领导干部要清白做人、勤俭齐家、干净做事、廉洁从政，管好自己和家人，涵养新时代共产党人的良好家风。”

涵养新时代共产党人的良好家风，上好家风建设这堂“必修课”，除了按照“四自”“四慎”的要求修身律己，也要善于运用家风的力量，从中华优秀传统文化、红色革命文化和社会主义先进文化中汲取智慧和力量，在廉洁齐家上作表率。

中华民族历来有重视家风建设、注重家风传承的传统，传统文化有许多诸如仁爱孝慈、兄友弟恭、亲仁善邻、勤俭持家等值得传承的家庭美德；老一辈革命家的红色家风是在继承中华传统家庭美德基础上，于中国革命和社会主义事业建设过程中形成的具有时代特点的优良家庭美德，为党和人民提供了强大的精神动力；新时代的家风建设，以社会主义核心价值观为引领，是对中华传统优秀家风和红色家风的继承与发展，既有雄厚的文化底气，又有鲜明的时代内涵。

家风家教是一个家庭最宝贵的财富，也是留给子孙后代最好的遗产。在中国历史上，最早有文字记载的家训是周公家训，后来一些帝王和名臣以家范和家书为载体，留下了李世民的《帝范》、司马光的《家范》、《曾国藩家书》《朱子家训》等代表性作品。但大部分普通家庭的家风停留在口耳传承的阶段，并没有系统、翔实和专门的记载。新时代家风建设，对传统的继承与弘扬是一方面，以口述历史的形式对当代家庭的优良家风进行挖掘与记录，同样是一件非常重要且有意义的事情，也是媒体的职责与使命。

“家风的力量”系列丛书采用第一人称、每人约一万字的规模，希望以口述历史的方式讲好中国当代家风故事，让家史和家规、家训、家书一样成为家风传承的生动载体。本套丛书分为两册，《红色家风　薪火相传》选取10位老一辈无产阶级革命家、开国元勋的后代，《党员家风　初心传承》选取10位在不同行业作出突出贡献的优秀共产党员，均以第一人称讲述家风传承故事，用大量的生活细节和生动语言，体现革命先辈深厚的家国情怀、淳厚的红色家风和新时代共产党人的独特风采、良好家风。

从中，我们不仅可以看到每一个家庭内部几代人之间的家风传承脉络，如果将两本书结合起来，还可以更加深刻感悟到从老一辈革命家到新时代共产党员一脉相承的精神密码——

坚定的理想信念。赤诚爱国、对党忠诚的董必武一生没有动摇过自己的革命选择，“读书与革命，一生只做两件事”。“北斗人”王淑芳时刻把党性放在心中，既然承诺为党和人民牺牲一切，那研发“北斗”这件事，就一定要坚持下来。凭着对党的坚定信念，她以勇气和毅力克服了一个又一个难题。

深厚的人民情怀。开国上将吕正操戎马一生，却认为自己不过是战争的幸存者，人民才是真正的英雄，不止一次告诫孩子们：“人，不在于活多久，当多大的官，而在于给人民做多少事。”“大湖鸿雁”唐真亚22年划船投递湖区邮件，将“水上邮路”演绎成“爱心邮路”“便民邮路”，他常常对儿子说“人活在世上，不能总算划不划得来”，“我有一条船，我有一双手，我更有一颗为群众谋福利的心”。

强烈的使命担当。一介书生邵飘萍以弱不禁风之身形，展硬如钢铁之风骨，实践了“铁肩担道义，辣手著文章”的座右铭，用生命书写了一名共产党员的家国情怀。以生为本、在小学讲台上站了

34 年的全国优秀小学校长周洁，把使命感看作父母留下的最宝贵的精神财富，她说“人生的意义在于无悔奉献，我们应该以职业为光荣，以奋斗为使命”。

坚强的党性原则。开国大将黄克诚给子女留下这样的遗言：“你们要学革命，不要学世故。”“你们要靠自己的努力奋斗成才，不要靠我的什么‘关系’‘后门’，我黄克诚是没有后门可走的。”“B 超神探”贾立群面对挣钱出名的诱惑，淡定地解释：“共产党员代表人民群众的最根本利益，要脚踏实地为人民服务。多年来，我秉持着为人民服务的宗旨，耐得住寂寞，守得住清贫。”

…………

一句句铿锵的话语，一段段生动的故事，一个个家风传承的样本，展现了中国共产党人历久弥新的家国情怀和绵延不绝的家风力量，汇聚成为中华民族伟大复兴的丰厚道德滋养和持久精神动力。

新时代新征程，我们更需要在全党全社会倡扬老一辈革命家和优秀共产党员的优良家风，以他们为榜样，涵养新时代共产党人优良家风。正所谓，家风正、民风淳、国风清。希望本套丛书的出版，能够发挥积极作用，推动社会主义核心价值观在家庭落地生根。

目录

董必武晚年全家福

我的爷爷董必武：
心中永不熄灭的火焰

受访者 | 董绍新（董必武之孙） 撰文 | 田祥玉

董必武（1886—1975），中国共产党的创始人之一，中华人民共和国的缔造者之一，无产阶级革命家、马克思主义的政治家和法学家，是中国共产党第一代领导集体的成员和国家重要领导人。原名董贤琮，又名董用威，字洁畬，号璧伍，湖北省黄安县（今红安县）人。

董必武17岁考中秀才。1911年，参加辛亥革命，加入同盟会。1920年，他和陈潭秋等在武汉建立中国共产党早期组织。

1921年，董必武以湖北代表的身份，出席中国共产党第一次全国代表大会。会后，任中共武汉区执委会委员和湖北区执委会委员，并在国共合作期间当选为国民党中执委候补委员。1928年，党组织派他到苏联学习。1932年回国后进入中央革命根据地，先后担任马克思共产主义学校教务长、副校长，中央党务委员会书记、中华苏维埃共和国中央政府临时最高法庭主任等职。1934年10月参加长征。到陕北后，任中共中央党校校长、中华苏维埃共和国中央政府西北办事处代理主席。全国抗日战争时期，作为中共代表团的成员和中共中央长江局、南方局的主要领导人之一，长期在国民党统治区工作。1945年代表解放区参加旧金山联合国制宪会议。抗战胜利后，作为中共代表团成员继续参加国共谈判。1947

年任中共中央工作委员会常委和华北财经办事处主任。1948年任中共中央财经部部长、华北人民政府主席，创建中国人民银行，参与统一财经工作。

新中国成立后，董必武历任中央人民政府政务院副总理兼政法委员会主任，最高人民法院院长，第二届全国政协副主席，中共中央监委会书记，中华人民共和国副主席和代理主席。1975年1月任第四届全国人大常委会副委员长。参与中华人民共和国第一部宪法的起草和修改工作。是中共第六届中央委员、第七至九届中央政治局委员、第十届中央政治局常委。

董绍新，1970年出生，董必武之孙、董良翮之子，现居北京，湖北省董必武思想研究会理事。

2021年是中国共产党建党100周年，也是我爷爷董必武135周年诞辰。时光催人，转眼间爷爷已离开我们46年了。这46年间，世界风云瞬息万变，但我们的国家越来越繁荣昌盛！无数次午夜梦回，我都会在心底对爷爷说一声：“这盛世，如您所愿！”

1975年4月2日，我的爷爷董必武去世时，5岁的我尚懵懵懂懂，只知道家里的一位老人不在了，对他的印象极为模糊。上学后，我在语文课本里读到关于他的文章，心里除了感到些许骄傲外，更多的是觉得那是一段遥远的历史。

随着年龄的增长，我慢慢了解了爷爷更多的往事，记忆深处的那个身影也慢慢鲜活起来。我越来越深切感受到：“董必武”这个名字对我来讲既是荣光，更是责任，是我心中永不熄灭的火焰……

赤诚爱国，对党忠诚

姑姑董良翚曾和我分享过爷爷年少时的经历。众所周知，爷爷是中国共产党的创始人之一，是伟大的无产阶级革命家。但在参加革命之前，他曾参加过科举考试。有一次爷爷在中南海边散步时，姑姑好奇地问他是否真的考过秀才。爷爷听了，先是一笑，稍作沉吟后告诉她是真的。

爷爷出生在一个清贫的知识分子家庭，他的父亲董基文和四叔董基明都是清末秀才，后来也都在私塾教书。他们为人正直，鄙视趋炎附势，在当地有口皆碑。爷爷的母亲蔡氏人称“蔡大妈”，为人克勤克俭，大度宽容，是一位传统的劳动妇女。董家是个大家族，全家老少 30 多口人，虽然生计艰难，但家人之间互谅互让，一直和睦相处，从不吵架。这样一个勤劳朴素的家庭，对爷爷影响很大。

家庭环境和当时所处的社会，几乎注定了爷爷只能走读书、科举、做官这条路。1903 年，爷爷考取了秀才。“家里得到这个信儿，自然高兴得很。”爷爷曾对姑姑说，“他们算到我几时回，就迎在街口，还买了爆竹，准备见到我时点炮。我得信儿后，就绕小路回到家里，没有和他们碰面。”姑姑问爷爷为何这么做？爷爷笑道：“为什么要人接？我不想那样回家。”爷爷从小就不喜欢讲什么排场。

爷爷既然考中秀才，“为什么没去朝廷做官？”面对我姑姑的这个问题，爷爷的嘴角挂着一丝自嘲的笑意，说：“那时候县太爷出门是什么样，你晓得吗？最前边有人敲着锣走，嘴里喊着，这叫鸣锣开道。后边的衙役手里举着‘回避’‘肃静’的牌子。”爷爷不喜欢这样。当时他去武昌考试，考完后一群考生在街上走，恰好碰上抚台大老爷上堂。爷爷就悄悄跟了进去。只见抚台往堂上一坐，爷爷忍不住探头向堂上张望了一下。这一看不要紧，衙役们猛地扑过来，一把将他抓住，不问青红皂白就将他按倒在地一顿打。

“打得我好狠！为么事？就是不该看一眼！”爷爷说到这儿，忍不住笑了，说：“这一打，倒使我看出了清廷的腐朽无能。这么庞大的清王朝居然怕人怕到这个程度！你看这样的统治还能继续下去吗？我看不能！”爷爷自问自答。

爷爷曾给姑姑写过一首长诗，其中有一句是“忆昔少年日，意气冲牛斗，易视天下事，反映仅肤受”。这可能就是他那时思想的真实写照。我的爷爷呀，正是挨了清王朝一顿恶打，才彻底“醒悟”过来，对社会、对人生重新思考，改变了自己的人生道路。

其实以爷爷的学识，只要他愿意，完全可以当官或教书，一辈子衣食无忧，这样的人生在当时无疑被视为光耀门庭。但目睹了清政府的腐朽无能和西方列强对中国人民的欺压掠夺后，爷爷毅然选择投身革命，立志救民救国。

1921 年，爷爷以湖北代表的身份，出席了中国共产党第一次全国代表大会，成为中国共产党的创始人之一。从 1921 年到 1949 年，从望志路 106 号的上海弄堂一路走来，到登上开国大典的天安门城楼，在中共一大的与会代表中，只有毛主席和爷爷两个人以中国共产党党员的身份，见证了中华人民共和国的诞生。

从决定投身革命的那一瞬间开始，爷爷就再也没有动摇过自己的信念。他 60 年如一日，始终站在历史变革的前列，不屈不挠，鞠躬尽瘁，全心全意为党和人民的事业服务，把毕生的精力奉献给中国人民的解放事业，奉献给社会主义事业。

我曾不止一次听长辈们提起，爷爷说自己是一块布，灶台脏了就是抹布，衣服、裤子坏了就是补丁。他还说：“党的工作就像一支大乐队，有司鼓，有司锣，有司钹，有司弦。我呢？就是那个敲边鼓的。”无论任何时候，职务多高，他永远都把自己当成跑龙套的、敲边鼓的，出色地完成党交给他的每一项工作。

我年轻时不太理解，但年纪越大越明白，爷爷之所以有这样的认知，缘于他坚贞不渝的共产主义信仰，缘于对国家、人民深沉的爱。

即使年迈，董必武也站得笔直

严于律己，宽以待人

爷爷是一位法学家。1914 年，28 岁的爷爷考取日本私立大学攻读法律，学成归国后，他和友人在武汉创办了律师事务所，以律师的身份为掩护从事革命活动。那个年代的律师，想赚钱太容易了，但爷爷总在为工人打官司，不仅不收钱，有时候还要倒贴。

爷爷长期从事法治建设的实际工作，而且根据马克思主义关于国家和法的学说，结合我国法治建设的具体实际，提出了许多独创性的见解。他的马克思主义法学思想，对于我们今天加强社会主义法治建设，全面建设社会主义现代化国家的指导意义有目共睹。爷爷不仅参与了新中国的法制改革、法律条文的制定，在实际工作生活中，他也是遵纪守法的典范。

爷爷向来公私分明，工作上的事情从不让家人知道。他的办公室，家人是不能进的，奶奶找他也只能站到办公室的门口。爷爷的工作习惯与他的经历有关，他长期领导隐秘战线工作，心中永远绷着一根严守工作纪律的弦儿。

父亲、伯父和姑姑都跟我说过，爷爷从来不在孩子们在场的情况下谈论工作。即使偶然碰巧在聊什么话题，若孩子们刚好经过，爷爷会立刻刹住话题。次数多了，孩子们也很自觉地回避，和他之间一直保持这种默契。

对待家人和亲戚，爷爷从不居高临下；但对于原则和纪律问题，他也向来不给我们逾越的机会。

新中国成立后，家乡的有些亲友以为爷爷做了“大官”，经常到北京找他“帮忙”，他一律加以拒绝。爷爷曾在信中委婉地对一个亲戚提出批评："除了法律规定的职权外，任何人没有特权。在你的思想中对这点似乎还不很清楚。"

1956年，爷爷担任最高人民法院院长，这一年，正赶上国家机关干部调整级别。人事部门拟定的提级名单中有奶奶的名字。奶奶是老党员、老红军，参加过长征，打过仗、负过伤，完全符合提级的要求。她当时是行政13级，并不高，提一级完全合情合理。而且这份名单已经由最高人民法院党委讨论通过，只待院长最后审批。爷爷对其他同志的提级均表示同意，唯独提笔把奶奶的名字勾掉了，把提级名额让给了其他同志。

我父亲董良翮曾到河北农村插队10年。那时的知青上山下乡，不是简单意义上的学习、锻炼，都是带着户口走的，由城市户口变成农村户口，去的时候就是抱着一辈子都待在农村的决心。1969年，结婚第二天，父亲就带着我母亲去了农村。他们下乡的地方是河北晋县周头公社贺家寨大队，是有名的贫困大队。为了勉励我父亲，当时已经83岁高龄的爷爷郑重地用毛笔小楷写信给他，要求他做一个合格的农民，并告诫他要注意两点，一是不要一得自矜，二是不要浅尝辄止。

我父亲插队劳动刚半年，当地党组织打算发展他入党。爷爷听说后，立即让奶奶给那里的党组织去信："不能因为他是我的儿子，就这么快地吸收他入党，一定要让他再磨炼一段时间，凭自己的本事入党。"写了信还是放心不下，当时他的身体不是很好，就让奶奶亲自去晋县，向当地同志再三强调，千万不能因为是董必武的儿子就讲情面，要一视同仁。只有真正具备了共产党员的条件，才能吸收他入党。

我上小学第一天，父亲就再三叮嘱我："记住了，不许说你的爷爷是董必武！"我自己坐公交车上下学，从来没有车接车送。作为董必武的孙子，我从小到大，从未享受过任何特殊待遇。我们家就是普通人家，吃的穿的不比别人好。

遵纪守法，不搞特权，永远不要给国家添麻烦。爷爷一直是这么做的，我们晚辈也都知道，这是全家人必须遵守的规矩。

一生爱书，终身学习

爷爷的一名学生曾说过："董老师一生只做了两件事：读书、革命。"他说的没错，爷爷不抽烟、不喝酒，工作之余就是三件事：读书、练字和作诗。

1928 年至 1932 年，爷爷在苏联列宁学院学习，几乎从没走出过校门，因为他把所有课余时间都用于坐在图书馆攻读马克思主义著作。在中共南方局工作期间，尽管重庆夏天酷热难耐，爷爷每天在工作之余都会坚持读书和练字。

革命战争年代，遇到部队必须马上撤退转移时，爷爷可以丢下衣物，但书籍必须带走。长征途中分配给爷爷使用的马匹，他自己几乎没有骑过，除了给伤员和病号骑，基本上都用来驮他的书。

爷爷买什么东西都要精打细算，却唯独在买书上舍得花钱。在南京时，他经常兴致勃勃跑到夫子庙逛旧书摊；在上海时，过不了多久就要去一次商务印书馆。那时，尽管出门之前需要稍加化装，他也乐此不疲。他到旧书摊或书馆，总是先认真地翻看各种书籍，一看就是几小时，挑挑拣拣，最后再买下自己喜欢的书。我的父亲、姑姑都曾跟我说过，爷爷在办公室里，手里如果没有文件、报纸，就一定捧着一本书。他从早到晚，日复一日、年复一年地读书。子女和身边的人，总是能从和他的对话中获益匪浅。比如说到植树，爷爷会先看书，把为什么植树、如何管理和经营弄得一清二楚，然后再写进他的诗里。对他来说，诗歌不是天马行空的文字堆砌，灵感和文采来自他读过的书。

爷爷的办公室除有窗户的那面墙外，其他三面墙都立着近两米的书柜，此外他还有一大间书房，也是三面墙都立着高大的书柜。屋子中间还有两排背靠背的书柜，把屋子隔成了一个“里外间”。我的姑姑董良翚爱读书，对爷爷那些分门别类摆放的书记忆犹新，她记得有天文、地理、文学、历史、哲学、法典等方面的。如此种类繁多的书，爷爷都一一读过。一些法律、历史和文学方面的书籍，他更是一读再读。

经过几十年积累，爷爷的藏书量相当可观，其中还有不少珍贵古籍。他去世后，工作人员花了一年多时间才将他的书整理完。爷爷留下的所有书都整齐、完整，因为他看书有个习惯，从不折页、折角，看到哪儿就会夹张书签。

爷爷嗜书如命，但如果谁说喜欢哪本书，他向来二话不说便赠予对方。爷爷并不在意是不是孤本、价值几何，而是希望一本书有更多的人读到并从中领会一二。

作为老一辈无产阶级革命家，爷爷不仅为民族独立和人民解放奉献了毕生的精力，还在社会主义建设时期为我国的民主法制建设、统一战线工作作出过突出的理论贡献。他酷爱读书、著述无数，这缘于他一辈子都持之以恒地坚持学习，对新生事物永葆一颗好奇心。

一位长期在爷爷身边工作的秘书曾说："董老的学习就是休息，休息就是学习。"

爷爷勤奋刻苦的学习精神，为我们后人树立了榜样。无论是烽火连天的战争年代，还是如火如荼的新中国建设时期，除去工作之外，爷爷的业余时间基本都用在读书和学习上。父亲、伯父和姑姑都跟我说过，他们对爷爷印象最深刻的事就是，手里永远拿着书。

为了方便阅读外文书籍和资料，爷爷一直坚持学习外语。一遇疑难，他总是虚心地向身边外语好的年轻人请教，从不觉得难为情或"掉架子"。为了学好外语，爷爷总是随身携带很多小纸条，一面是外语单词，一面是中文解释和音标，然后用皮筋把纸条扎成一捆。他每次外出时都将这些纸条放在兜里，一有空就拿出来学习，这个习惯一直坚持到他去世的前几年。

爷爷的一生，可谓是"革命的一生，学习的一生"。

年少时为科考，爷爷寒窗苦读，通晓"四书五经"，掌握了诗词歌赋和书法，他一生写下近 1300 首诗。爷爷从小接受中国传统文化教育，之后又去国外留学，接受过西方先进文化的熏陶。他不仅深谙国学，而且在法学和马克思主义哲学等方面都有极高的造诣，建树颇多。很多人觉得爷爷天赋极高，学习能力很强，但真正熟悉他的人都知道，他的卓越成就和渊博学识，缘于他的勤奋好学，以及对新鲜事物的好奇之心。

夫妻和睦，舐犊情深

爷爷虽然对家人要求严格，但在奶奶心中，他是一位好丈夫。陪在爷爷身边最久，最支持、懂他的人也是奶奶。

奶奶叫何连芝，四川太平（今四川万源市）人，生于1905年，1933年入党。她当初跟着红四方面军到达延安，在那里遇到了爷爷，经组织介绍与他结为革命伴侣。她是“董必武夫人”，但熟悉她的人知道，这显赫的身份于奶奶而言并没有任何特殊，她和那个时代的所有劳动妇女一样勤劳、善良又勤俭持家，甘愿为民族和国家付出一切。奶奶总是说，她这辈子最幸运的事情是与董必武结为夫妻，他的一言一行、他读过的书、走过的路都让她受益匪浅，也让她一天天成为更好的人。

小时候我坐在奶奶的怀里，看到她右手中指只剩下一小截，就问她怎么了，她笑着说打仗时打掉了。我问她“疼不疼”，奶奶还是笑着说，当时流了好多血，为了止血，她把手戳进泥土里，血马上就止住了。在那么艰苦的条件下，手指竟然没有感染化脓。说起那段艰

晚年董必武与夫人在颐和园

难岁月，奶奶语气平静，面带笑容，和爷爷面对困境时的态度一模一样。

在南泥湾大生产运动中，奶奶每个月都超额完成任务，是人人敬佩的“劳动模范”。后来爷爷任华北人民政府主席期间，她听从他的指示在家纺线、织布，和一般工作人员没任何不同。土地革命时期，她打过仗、负过伤、参加过长征，在陕甘宁边区做过基层工作。抗战时期跟随爷爷辗转武汉、重庆、南京、上海等地，并肩作战应对敌特包围和白色恐怖。新中国成立后，她担任爷爷办公室的秘书，在自己的工作岗位上任劳任怨、尽职尽责，从没有想过凭爷爷的关系捞什么好处，从不因自己是董必武夫人向组织提要求。

困难时期，家里也没缺菜吃，因为奶奶喜欢种菜。吃不完的菜，她就随时做成泡菜和干菜储存下来。我们住在中南海时，奶奶为了给家人改善生活，养了很多鸭子。而她戴着草帽，拿着竹竿赶鸭子的场景也成了中南海的独特景观。

奶奶是四川人，每年冬天还自己熏腊肉、灌香肠。和爷爷一样，奶奶从来都不愿麻烦别人。

奶奶是爷爷的秘书，也在生活起居上给予爷爷最周全的照顾。爷爷喜欢吃一道家乡菜“煨葫芦”，这道菜做起来不容易，需要用两块大石板，先将新鲜葫芦的水分压干，再将干葫芦存储下来。如此费时费力的工作，奶奶从未求助过别人。“给别人添麻烦的事儿，不做。”这是我的记忆中，奶奶经常说的话。

不麻烦别人，但愿意帮助别人，这是奶奶和爷爷最相似的地方。和爷爷一样，奶奶也是凡事都先替人民、国家着想，对土地、农民有着特别炽热的感情。她在外能打仗，在内能把家庭照顾得很好，一辈子都把丈夫当成师长一样敬重。“愿得一人心，白首不相离”，爷爷奶奶的爱情令人敬佩、向往，也对我们产生深远的影响。

爷爷和奶奶养育了3个孩子，分别是伯父董良羽、姑姑董良翚和我的父亲董良翮。他们的名字是爷爷取的，名字里都带一个“羽”字。“羽”指羽毛，“翚”是羽毛上面的光晕，而“翮”则指羽毛的杆。“羽”“翚”“翮”组合在一起，就是一支透着光晕的羽毛，寓意深远，象征着飞翔、自由、美好、纯洁。

爷爷懂得尊重孩子，跟孩子们说话永远不会居高临下，而是商量、探讨的口吻，而且总是先问孩子：“你怎么看？”等孩子说完后，他再表达自己的想法。比起学业、知识，他更愿意把为人处世的方法教给子女。同时，对于孩子们未来的选择，无论是学业、工作还是个人感情，也从不干涉。

他手把手地教儿女、侄子读书、写字。每次读孩子们写给他的信，爷爷都会耐心批阅，指出错别字和表达有误的地方，而且和颜悦色。姑姑董良翚曾对我说，有一年暑假，爷爷带着他们兄妹三人，抄完了《青年团的任务》（列宁在俄国共产主义青年团第三次代表大会发表的演说）一文。

爷爷的弟弟、弟媳去世早，他们的女儿董良泽很小就跟爷爷奶奶一起生活。对于这个侄女，爷爷视如亲生。良泽姑妈曾多次跟我讲过她和爷爷的故事。中学毕业后，良泽姑妈响应党的号召，来到西北高原的甘肃工作，爷爷坚决支持，长期通过书信无微不至地给予关怀，不断给予鼓励。知道西北气候寒冷，爷爷给良泽姑妈缝制了皮大衣，买了毛衣毛裤。把她的生活安排得妥妥帖帖，鼓励她要

儿时的董绍新在爷爷膝盖上嬉戏

好好学习，坚持读书。

爷爷对孙辈更是关怀备至。1968 年 9 月 13 日，姑姑抱着出生刚一天的女儿从医院回家。外孙女的出生给爷爷和奶奶带来了很多欢乐。我奶奶每天晚上带着她睡觉，爷爷身体不好，但每天晚上要起来看她几次，每次都会爱怜地摸摸她的小脸蛋儿。每天中午，奶奶把外孙女放在大盆里，托着她的小脑袋，让她蹬水、划水。爷爷就坐在一旁，笑眯眯地看着，不时摸摸她湿漉漉的小胳膊。

姑姑休产假期间，常抱着女儿到过厅去散步、晒太阳，爷爷总是闻声而来，摸摸外孙女的小手、小脸，有时还会抱过去，用胡子扫扫她的小脸蛋儿，或故意拉起小手碰碰他的胡子茬儿。

爷爷也喜欢用他的胡子扎我的脸，一老一小就这样伸着脖子，前额顶着前额。爷爷唤这样做叫“触”。有一次，我使了很大劲儿，爷爷忍不住嚷嚷：“好了，好了！”然后，祖孙俩哈哈大笑……

言传身教，一心为民

爷爷是晚清秀才，但是他的思想先进开明，没有一点儿封建家长的做派。你要问我们家的家风家规是什么？还真没有那种字斟句酌、写在纸上的条文。都是爷爷奶奶以身作则，子孙后代耳濡目染，自然而然知道什么能做、什么不能做，每个人心里都清清楚楚。

1972 年，爷爷给两岁的我写了一首诗：“父母在晋县，农忙事田亩。望尔速长大，协作左右手。吾意亦云然，世为农人好。孙身颇茁壮，无逸符大造。”

这首诗蕴含着爷爷对我的期望。那就是人生的意义不在于当多大官，有多大学问，身体健康比什么都重要，只要能自食其力，当农民也没什么不好。他在诗里表达了希望我茁壮成长、快快长大的愿望，因为这样，我就能给在农村的父母搭把手，帮忙种地了。

爷爷从不认为当官是一件多么荣耀的事儿，而是要靠自己的能力为人民服务，如果没有能力，自食其力也是成功的人生。

爷爷那一辈的人都是一心为人民服务。而在我爷爷那里，“为人民服务”还要加上“诚心诚意”这四个字。深入最基层，真正为人民服务，这也是爷爷一贯的工作方式。新中国成立之前，他任华北人民政府主席，为了摸清解放区的经济状况，他总是亲自深入最基层。每逢集市，他就搬个凳子，端一杯水往路边一坐，看人来人往，跟老百姓聊天，了解当下的物价和他们的真实生活。爷爷总是对身边的人说，老百姓手中的粮食多了，前线的战士们才有饭吃，我们不能因为战争影响到老百姓的生活。

爷爷和奶奶曾专门去农村看望我父亲。当时，奶奶的身体还算硬朗，白天和社员一起下地劳动，晚上和村民促膝谈心。见我父亲洗菜时扔掉好多白菜帮，奶奶一边把菜帮子捡起来一边教训他：“长征时，大家都是吃的草根树皮，我们可不能忘记过去。”

爷爷投身革命、救国救民的历史大事件，很多书和影视剧里都有呈现。如果问爷爷给我留下最深的印象是什么，我会回答是他对粮食的珍惜，对土地的热爱。

有一次吃午饭，爷爷看着碗里的饭，兴奋地低声对奶奶说：“你看，多白的米呵！”奶奶用筷子挑饭，一团热气升腾起来，笑着说：“吃噢，凉了！”爷爷笑着对年幼的姑姑说：“从耕到种，除草、施肥、灌溉，如果风调雨顺，没有虫害，春种才能秋收，你看是不是‘粒粒皆辛苦’？”

爷爷也是这么教育我的伯父和父亲的，浪费粮食是绝对不允许的，吃多少盛多少，不仅碗里不能剩饭，掉在桌上的饭粒也要捡起吃掉。感念“粒粒皆辛苦”的家风，也从爷爷那里传到父辈、我们这一代。现在，我对孩子也都是这么要求的。

爷爷有一首诗是这样写的：“父母皆望儿女智，我希尔学愚公愚。大山三座虽移去，穷白形存敢自娱。”我的父亲、伯父和姑姑对这首诗特别有感触，因为他们一直就是遵照爷爷的教导这么做的。

爷爷奶奶的言传身教，让我父亲处处严格要求自己，在农村时总是抢最脏最累的活儿干。种地、收割虽很辛苦，但当时最脏最累的活计是起圈。每当土地结冻前，父亲就会和大伙儿一起，把猪粪从猪圈里掏出来，然后把粪埋在地里沤，等到来年春天播种时再将沤好的肥随种子播下去。

爷爷奶奶虽然宠我，但总说父母才是教育、陪伴孩子的第一责任人，老人不能把孙子绑在身边，不能让孩子和父母断了联系，从我 3 岁起，每两三年都会安排我去父母插队的地方和他们住一段时间。

虽然只是去农村待一段时间，但那些短暂的时光让我能幸福地天天看见父母，知道他们如何辛苦和积极向上，我也因此熟悉了河北农村的很多习俗，和农民更是有一种天然的亲近感。直到今天，我对农村、农民和土地依然有一份难以割舍的情怀，也尽自己所能为他们做一些事情。

时代在进步，社会每天都在变化，但中国共产党人真诚、艰苦、朴素的作风，想群众之所想、急群众之所急、解群众之所困，严格约束子女、亲属的优秀传统，真的不能丢。作为董必武的孙子，我常常庆幸自己能生活在这个崭新又快速发展的时代。但我也常常跟朋友们说，我没有爷爷的睿智与勤奋，但因为我的爷爷是董必武，我和家人在实现中华民族伟大复兴的路上从未掉队且一直竭尽所能。

董必武与孙辈们在一起

因为这最好的时代来之不易，我的爷爷奶奶曾为之奋斗，并奉献了一生。

逆水行舟用力撑，一篙松劲退千寻。
古云此日足可惜，吾辈更应惜秒阴。

这首爷爷写给中学生的诗歌，对我而言是厚重的爱与关切，更是殷殷的激励与鞭策。爷爷是我们心中永不熄灭的火焰，他留给子孙后代的，不是物质与名利，而是一笔笔宝贵的精神财富。红色家风，薪火相传，这无上的荣光将激励我们永远向前！

（供图 / 董绍新）

1959 年 9 月 17 日，林伯渠在颐和园同子女、孙辈及亲属合影

我的姥爷林伯渠：

立规矩多读书，求真理当自强

受访者｜齐放（林伯渠之外孙） 撰文｜贾方方

林伯渠（1886—1960），党和国家的卓越领导人之一，马克思主义者、无产阶级革命家和政治活动家。原名林祖涵，号邃园，湖南临澧人。林伯渠与董必武、徐特立、谢觉哉、吴玉章并称“延安五老”。

1904年，林伯渠留学日本，次年加入同盟会，从此踏上中国民主主义革命的征程。

1911年，辛亥革命爆发，林伯渠在湖南积极响应，并不屈不挠地进行反对北洋军阀的斗争。

俄国十月革命胜利和中国五四运动后，林伯渠看到了中国无产阶级的力量，开始为中国寻找新出路。在李大钊等人的影响下，他开始学习马克思主义，并于1920年加入上海的中国共产党早期组织。

1923年，林伯渠任国民党中央党部总务部副部长，在帮助孙中山确定联俄、联共、扶助农工三大政策和改组国民党的工作中起了积极作用。在蒋介石叛变革命以后，林伯渠参加了1927年8月1日的南昌起义，任国民革命委员会财政委员会主席。

1933年，林伯渠进入中央革命根据地，先后任中华苏维埃共和国临时中央政府国民经济部部长、财政部部长。1934年10月参加长征，任红军总供给部部长。到达陕北后，林伯渠于1937年到1948年担任陕甘宁边区政府主席。

1938年，在中国共产党扩大的第六届中央委员会第六次全体会议上，林伯渠被选为中央委员会委员。在1945年中国共产党第七次全国代表大会和1956年中国共产党第八次全国代表大会上，他都被选为中央委员，并当选为中央政治局委员。

1949年新中国成立，林伯渠被选为中央人民政府委员会秘书长。1954年，当选为第一届全国人大常委会副委员长。1956年，当选为第二届全国人大常委会副委员长。

齐放，1956年出生，林伯渠女儿林秉元的儿子，现已退休。

姥爷在世时，我还小，对他的印象并不太深，关于他的很多故事是从长辈那里听到的。听他们讲的时候，儿时的许多记忆也渐渐被打开。

追求真理，一生坚守

我对姥爷非常深刻的印象就是一辈子只干一件事。从上学读书立志革命，他就没有变过。姥爷一生经历了中国旧民主主义革命、新民主主义革命、社会主义革命和建设三个历史阶段，在每一个历史阶段，他都是彻底的革命派。即便脑袋别在裤腰带上，他也要一条道走到黑，革命到底。

姥爷的革命精神应该是植根在骨子里的。姥爷的父亲林鸿仪曾因不满帝国主义的侵略，同情劳动人民，赞成维新变法。这对姥爷的影响是非常深远的，他早早就立下了救国救民的志向。

1904 年，他到日本留学，被孙中山的演讲所打动，1905 年便加入同盟会，开始为推翻清朝专制的统治而斗争。为此，他积极响应辛亥革命，坚决进行反对北洋军阀的斗争。

俄国十月革命胜利和中国五四运动后，他看到了无产阶级的力量，看到了中国的新希望。在李大钊等人的影响下，他开始学习马克思主义，并于 1920 年加入上海的中国共产党早期组织。

我们在莫斯科查到了他的档案，他在入党申请表中特别提到，因为在各地看到了老百姓的困苦境况，感受到国民党的方法不足以救中国，而十月革命的成功以及李大钊等人对马克思主义的普及，让他看到了希望和方向，所以决定加入中国共产党。这段话其实就是姥爷一生的真实写照，他一直在追求一个真理：怎么样才能让中国老百姓过上好日子，怎么样才能彻底解决中国面临的各种问题。

林伯渠在上海（1922 年）

自此，他开始投入新民主主义革命的斗争。后来，蒋介石、汪精卫背叛孙中山的“三大政策”，相继实行反共、镇压工农运动的政策，破坏了第一次国共合作的大革命，姥爷也因此成为蒋介石追杀的对象之一。一个国民党老朋友对姥爷说，回来吧，你是国民党的老人，我可以保你荣华富贵，并劝姥爷登报声明脱离共产党。姥爷毫不犹豫地拒绝了，他说干革命就要干到底，决不计较将来个人的命运，随即参加了南昌起义。再后来，姥爷到苏联学习，回国后参加长征，进行根据地建设，一直革命到新中国成立，并为新中国的建设献计献策。

姥爷的革命生涯长达半个多世纪，他一直在追寻真理，也用了一生去坚守。陈毅这样评价姥爷——革命一生无愧怍，路线正确是英雄。姥爷在自传中也提到——回忆过去，自己庆幸着此生并未虚度，生活充满了斗争，也充满了意义，瞻望将来，自己怀着从来没有过的信心与勇气，在布尔什维克的旗帜下前进。

姥爷革命的一生离不开家人的支持。为了解除姥爷的后顾之忧，姥姥一个人肩负起了养家糊口的重任。那时生活清贫，甚至因为家境困难不得不将我母亲送出寄养，小小年纪去带比她还小的异姓妹妹，7年后才把她接回。为了避难，姥姥带着孩子们颠沛流离，先后辗转于上海、广州、湖南、杭州等地。孩子们也要长期忍受与父亲的离别，在大革命失败后，甚至不能对外人说姥爷的名字。当时，姥姥一再告诫他们当学校问及家长是谁时，不可以说出“林伯渠”的名字，只能用她的名字加上林姓，叫林复明。

不仅如此，家里还要做一些掩护党中央机关和共产党员的工作。三姨回忆说，当时，上海的党中央机关伪装成普通人家住在租界，如果没有亲友往来很容易引起怀疑。所以，姥姥就要假装去串门。到了别人家，表面上喝茶、聊天，甚至还打麻将，实际则是在谈工作。对此，二姨印象最为深刻。有一天，她放学回家，看见客堂里坐着一位客人，她哭得特别伤心。后来听姥姥说，她家的住所被搜查，丈夫被捕，是别的同志把她掩护着送到家里来暂避的。二姨说，除了自己碰上的，还有没碰上的。而所有这些，姥姥都看作是理所当然的。这样的掩护工作，从第一次大革命失败开始一直持续到姥姥离开上海为止。

林伯渠与夫人伍复明（伍崇贤）及女儿林秉衡（1913年5月）

支持工作也好，掩护工作也罢，姥姥从来没有过一丝一毫的犹豫，也从没有计较会有什么后果。事实上，姥姥知道姥爷从事的革命工作是非常艰巨的，常常会有生命危险，可她从来没有阻拦过。而且那时候，姥爷在干些什么，在家中只字不提，姥姥从不询问和干预。二姨认为这是姥姥对姥爷事业的信赖和尊重。

在姥爷的影响下，我妈他们兄妹几人也相继走上革命道路，三姨、四姨还被选送到苏联学习。不仅如此，家乡的许多青年也在抗日战争期间由姥姥写介绍信奔赴延安。

一辈子追求真理，一辈子只干一件事，这种精神让人佩服。在姥爷生活的那个年代，恰恰是因为有了这样的精神，才有了革命的胜利，也才有了现在的中国。

脚踏实地，服务人民

有理想，就要去为了理想奋斗终身。在这一点上，姥爷践行的是脚踏实地，服务人民。

1986年，是姥爷100周年诞辰，我妈和舅舅开始整理他的生平，后来由我全面接手这份工作，随后用了长达10年的时间来整理，最终出版了《不能忘却的记忆》一书。在这本书里，最常出现的10个字就是：为人民服务，为世界工作。可以说，这是姥爷一生的真实写照。

姥爷在回忆参加革命的历史时，曾多次提到他是“感于国内广大劳苦群众之受压迫与受十月革命之影响”而参加中国共产党的。而在革命实践中，他更加真实地看到了群众的力量，并不止一次表达过对此的切身感受。

1934 年 10 月，红军要长征时，姥爷说："几年来，我们和根据地人民在一起同甘共苦，他们支持着我们，养育着我们……"1945 年 6 月，在边区政府各厅、处、院、局负责人参加的边区专员联席会议上，姥爷提出："新民主主义政权作风就是，我们各级政权的负责人员都是广大人民的勤务员，不是高居在上的官僚。"

事实上，姥爷也是这么做的。姥爷曾长期担任陕甘宁边区政府主席，《陕甘宁边区政务人员公约》第七条就提出："爱护群众，密切联系群众。要站在群众之中，不要站在群众之上。"姥爷经常走家串户，详细了解人民群众的生活与疾苦，还经常教育机关干部必须全心全意为人民服务，珍惜民力，形成了"实行民主真行宪，只见公仆不见官"的风尚。

林伯渠在延安户外的暖阳下办公

为人民服务不是空话，更不是好高骛远的口号，而要脚踏实地去做，真正解决老百姓关心的问题，尤其是经济和吃饭问题。1933 年，红军发展到 10 万人，面临严重的吃饭问题。当时，姥爷兼任临时中央政府财政部部长，为解决储粮问题提出了两条措施——创办粮食合作社和建造谷仓，为支援革命战争、改善人民生活以及进一步发展起到了重大作用。

在领导根据地的财政经济建设工作时，姥爷反对搞不切实际的垄断性国家公司，积极主张保护民族资本主义工商业，发挥商人和商业资本的作用。他还提出，尽可能地争取边区外面的各种科学技术人员到边区来参加工农业建设，并对他们给予必要的优待。有句陕北话叫作："端起饭碗来，想起林伯渠！"就是姥爷始终保持做好人民勤务员优良作风的真实写照。

不只姥爷，姥姥也一直热心为百姓做好事，尤其是在老家时，她经常为农民做好事。二姨回忆说，官衙有时候会在半夜到农民家里去抓壮丁，离得比较近的青年农民就会住到姥姥家。姥姥教书很有威望，官差们大多不会来找麻烦，这些青年也就躲过了一劫。那时还会遇到摊派不合理的情况，老乡们也会找姥姥诉说，姥姥认真聆听后，会为他们讲公道话，还会替他们据理力争。

为人民服务，也赢得了人民的信任。抗日战争开始后，四乡八邻的本家和乡亲都来找姥姥写介绍信去延安（那时候姥爷在延安）。除了本村本乡的青年，姥姥还介绍了她的一些学生。二姨说，在抗日战争紧急关头，能把自己骨肉送上革命征途，送到领导全国抗日的大本营，是很不简单的。那些人都是农村出身，也没受过学校教育，但大家认定了一点：子弟们跟随姥爷是不会走错道路的。

自己和人民群众打成一片，姥爷要求子女们也要这么做。我印象最深刻的就是姥爷给舅舅改名。舅舅出生时正好赶上抗日战争进入相持阶段，因此得名"林相持"。后来，这个阶段结束，舅舅到了上小学的年纪，姥爷觉得这个名字脱离了现实情况，就给舅舅起个了新名字：林用三。"用三"其实就是"三用"——用脑想问题，用手造机器，用脚踏实地。每一用都是非常实际且符合人民所需的。

其实，在这之前，姥爷就已经在锻炼舅舅了。舅舅两岁多时，姥爷就把他送到了农村，让他学习农民是怎样生活和劳动的；上小学后，姥爷又让他住校，过集体生活；7岁时，舅舅用双脚走完了两千里路的行程，由延安转移到了太行山。

当行为和作风出现偏差时，姥爷就会及时提醒和帮助舅舅。读书时，有同学给舅舅提了一条意见，说他对同学敬而远之。姥爷说这意见提得好，说明舅舅还没有和同学们打成一片。舅舅争辩说是他们不和自己接近，姥爷则指出了舅舅的问题所在，说他只爱和干部子弟交朋友，不喜欢和老百姓交朋友，他们当然不喜欢，这就是脱离群众，所以让舅舅主动和他们交朋友，向他们多学习。

为了让舅舅更好地为人民服务，姥爷通过观察，指出他可以做一个好的技术人员。此后，舅舅做过潜艇模型，做过通电就能转的电动机，还架起过矿石收音机。高中毕业时，舅舅报考哈尔滨军事工程学院，姥爷非常赞同并嘱咐称，希望他能学到一些真正的本事，脚踏实地地做些工作，为国家建设出力。

1938年，在西安八路军办事处，三姨和姥爷阔别多年相见，姥爷简单询问了家乡情况后，就直接问三姨知不知道米多少钱一斤，盐多少钱一斤，布多少钱一尺。三姨一下被问住了，回答说不知道。姥爷说这些都是关系广大人民群众生活的事，关心人民就不能不关心这些事。三姨回忆说，姥爷这番话给她上了一堂很好的政治课。1946年，三姨被指派到东北解放区工作，临走前，姥爷嘱咐她说，虽然是革命家庭出身，可是和工农劳动人民没有真正结合，要她到东北后无论如何都要下农村锻炼。

只有了解社会，了解真实的人民生活现状，才能搞好革命，真

林伯渠与两个女儿（林琳、林利）在西安八路军办事处（1938年3月）

正为人民服务。关于这一点，姥爷在和子女们的通信中也多次提到过。

给三姨的信大意是，让她安心工作，努力学习，工作的时候要实事求是，多与人商量，才能更好地为人民服务，还让她告诉同辈们也要这么做。

给四姨的信大意是，非常支持她努力为劳动人民服务的思想，支持她做好当下的工作，等将来全国胜利后，进入全面的经济文化建设时，也希望她能够投身其中。

牢记姥爷的教诲，舅舅从事了近二十年科学技术工作，我妈和姨妈们也在各自的领域脚踏实地地工作、学习，而我也选择了医学之路。

在做医生的职业生涯中，有一件事让我至今记忆犹新。有个病人是和平门全聚德烤鸭店的维修工，那天他去修电梯，结果电梯突然失控，从六楼掉了下来，导致跟骨断裂。当时是我给他做的手术，手术很成功，他恢复得不错。为此，他很感动，非要把单位的员工福利送给我，是一个鸭架子。那时候，工资一个月才三十多块钱，有肉吃是一件非常不容易的事。我要给他钱，他死活不要，说是为了表示感谢，请我务必收下。凭借自己的能力帮助需要帮助的人，收获的是满满的温暖和感动。

读书奋进，自立自强

如何为人民服务？如何实现理想？靠的是读书奋进，自立自强。我记得，小时候家里到处都是书，读书学习的氛围非常浓郁。这让我想起二姨曾经说过的一个类似的画面。她说，家里一贫如洗，别无长物，唯独书刊报纸订了很多。除了上海本地报纸外，还有北方的报纸杂志，家里的凳子上、椅子上、床底下，到处都是报纸杂志。

关于读书这件事，不管是姥爷还是姥姥，都给我们做了很好的示范。

先说姥爷。二姨给姨妈们写过一封信讲述关于先祖的一些事，其中就提到了读书这件事。她说，关于家里的事虽然知道得不太系统，但从一句半句中知道，高祖曾在四川做过县官，到祖辈有一部分务农，也有一部分念书。她的曾祖母曾为了曾祖父去世早、没有分得太多财物而伤心流泪。对此，家里的一位老者劝她说，不管怎样，你这一支是继承了书香的。其实，何止是继承了书香，家里这一支连女孩都是让念书的。而在过去，这是相当难得的。

其实，二姨所说的高祖也就是姥爷的曾祖父，他是位举人，姥爷的祖父是廪生，父亲是副贡生。戊戌变法失败后，姥爷的父亲回乡创办了私塾，教书授业，姥爷后来也在那里读书学习。在这样的传承下，姥爷也是个爱读书的人。入学前，他就跟着别人旁听私塾的课堂，自学了《千字文》《三字经》等，还学了其父编辑的四本“励志”书——《励志文选》《励志诗选》《励志词选》《励志曲选》。

不仅如此，姥爷读书时成绩也特别好。后来，他考入湖南西路师范学堂，并以第一名的优异成绩争取到了官费留学资格，东渡日本留学。留学归来后，他积极投身革命。革命无疑是艰苦和艰险的，即便如此，他也从未间断过学习。

他曾说，要革命就要好好学习，绝不能借口工作忙而忽视学习，不好好学习就要落后于形势的发展。平时，他一有空就会学习，有时还边吃饭边看书。后来，他再次赴日学习，还到莫斯科深造。为了更好地听懂和理解马克思列宁主义原著，已经四十多岁的他甚至从头开始学俄语，毅力可见一斑。

在延安时，姥爷还讲过要“活到老，学到老”。在虚岁六十寿辰时，他还专门就学习问题请教过毛泽东。他问：“像我这样的人，应当如何学习？”毛泽东回答：“讲到底，我觉得还是三个问题。像你我这样的老党员，也还要在立场、观点、方法三个方面去努力。我们学习马列主义，最主要的还是学习分析问题和解决问题的立场、观点、方法。”

再说说姥姥。姥姥这个家族祖上学习也很好，考了个探花，得到了南京的一块封地，从此扎根在那里。因为有着这样的书香传承，姥姥成为中国第一届女子师范学堂的毕业生。毕业后，她到吉林一所小学教书。也是那时候，姥姥和姥爷相遇并走到了一起。

为了革命事业，姥爷不得不常年与家人分离，全靠姥姥一个人带着几个孩子艰难度日。因为太过困难，姥姥带着孩子们回到了湖南省临澧县老家。即便如此，姥姥也不想让任何一个孩子辍学。一方面，她在县里女学堂做教职员、校长等工作，借以养家。另一方面，她不得不做出抉择，让刚上大学的二姨找一份工作，帮助养家，因为如果她一个人上学，弟弟妹妹们就都不能上学了。这大概是姥姥为了让孩子们读书做出的最大努力了。

虽然姥爷和家人相聚的时间非常有限，但他对孩子们的读书学习却是非常关注的。二姨回忆说，在和姥爷生活在一起为数不多的时光里，姥爷给她买过儿童读物。三姨也回忆过一段姥爷和她的对话。当时，姥爷问她会不会新文字（在陕甘宁边区推行的拉丁文拼音字母），三姨回答说不知道，姥爷便说她太落伍，当即写了一张字母表，要她学会字母拼音。

师傅领进门，修行靠个人。有了学习的习惯培养和氛围的熏陶，我妈他们姐弟几个都争先恐后地上进努力。后来，三姨到苏联学习时就特别勤奋。其中有一个小故事是关于她学俄文的。当时，她请任弼时教授俄文，他写了字母表，并教她如何发音，还特别说明了俄文字母中“P”是发卷舌音的。于是，三姨就照着天天练。许是卷舌音太难，许是说不好就不太好听，总之，大家听了都觉得挺好笑的。但是，三姨根本不管这些，她就一直练一直练，直到练会为止。

我妈也是如此。见哥哥姐姐们都特别努力上进，她也不甘落后。1947 年中学毕业后，我妈就投入了革命，后来回到北京，她又去读俄专，不断提升自己。

姥爷不仅要求自己的孩子好好读书，对身边人也如此。二姨回忆说，姥爷常常鼓励他的听差学习识字算数，还会为别人学习提供力所能及的帮助。为了送两个亲弟弟去法国留学，他节衣缩食，省下钱去帮他们。

尽管我读书并不是太好，还因为一些历史原因主动放弃了保送读书的名额，但恢复高考后，我又重拾书本，学习医学，最后成了一名医生。在读书这件事上，我也尽可能给女儿提供条件。她倒是个爱读书的，学习很不错，如今已博士毕业，听说还要再读一个博士学位。对于这一点，我特别支持她，女孩子就要多读书。

读书很重要，是一个人改变命运的重要途径，也是一个人自立自强的关键所在。这也是姥爷一直要求家人们的，凡事要靠自己奋斗。在这一点上，姥姥可以说给后辈们做了很好的榜样。

前面我提到，为了革命，姥爷长期不在家。其实，实际情况严峻得多，因为姥姥和姥爷很多年都是断了联系的。这么多年里，姥姥不依靠姥爷生活，独自一个人养育五个孩子。姥姥原本生长在城市，后来为了避难，不得不去到偏僻山乡，生活上有很多不习惯，尤其是没拿过锅铲。但是，她却努力地学习和适应，学会了应付一家人的饭食。为此，姥爷对姥姥是很尊重的。二姨说，她看到过姥爷写给姥姥的信，抬头总是“复明先生”。

后来，我妈、舅舅以及姨妈也都是靠自己，不管是生活还是工作，都是如此，也都取得了不错的成绩。我的学习、工作也是如此，后来我在国外生活过一段时间，到那儿的第一天，兜里只有 200 美元，所以我做的第一件事就是去打工，自己挣钱养活自己。中国人常说一句话，叫作“在家靠父母，在外靠朋友”。其实，这些都是外在的辅助，最核心的还是要靠自己，只有自立自强，才能无所畏惧。

有规有矩，不搞特殊

理想大事要认真对待，生活小事也绝不能马虎。“你必须给他们俩立规矩！”有一次，我妈带我和我哥去姥爷家玩儿，见大人们都在说话，没小孩子什么事，我俩就在客厅里绕着沙发乱跑起来，你追我赶，好不热闹。姥爷见了，没有对我和我哥说什么，而是非常严肃地对我妈说了这样一句话。在那之后，我家就多了一条规矩：坐要有坐相，站要有站相。

其实，不只是我和我哥，我妈他们都是在姥爷立的规矩下长大的。

不搞特殊化。战争年代，吃饭是个大问题，饿肚子是常有的事，舅舅和姨妈们自然也免不了遭这样的罪。对此，有人提议，可以让他们吃小灶。谁知立刻遭到了姥爷的严厉拒绝，他说这是违反制度的，不能因为是自己的孩子就给予特殊照顾，其他学生和战士能吃大灶，他们就可以吃。

关于这一点，舅舅林用三最有发言权。林用三是姥爷最小的儿子，出生在延安，按理说应该是最被照顾的那个，但实际上他并没得到什么优待，亦如其他孩子一样被严格对待。舅舅从小就被姥爷要求自己拿着碗到大灶上和大家一起打饭用餐。新中国成立后，生活条件好了，姥爷仍然像在延安时那样，要求舅舅他们去食堂吃饭，也从不用汽车接送他们。

只是，小孩子毕竟是小孩子，遇见好吃的还是会忍不住想破坏规矩。那时候，延安大礼堂经常演戏，小孩子也会去凑热闹。其实，小孩子根本不懂戏，也不是真的要去看戏，而是为了吃口好吃的。当时，演出结束后，会有夜宵吃：一个烧饼。这不是普通的烧饼，里面有时候会夹块牛肉，有时候会夹块羊肉，在那时候可谓珍馐佳肴了，小孩子真正馋的就是这个。

有一次，舅舅跑去看戏，其实就是为了等着吃那个烧饼。当时，剧场前三排是留给领导干部的，因为他们工作比较忙，如果有时间就来看一下休息休息。结果，他一看没人，蹦蹦跶跶地过去，一屁股就坐那儿了。回去后，警卫员就跟姥爷说了这事。姥爷一边打舅舅的屁股一边教训他："为什么跑到前边？你以为你是干部的孩子就可以特殊吗？"

搞特殊化是脱离老百姓的一个起源。当你觉得自己比别人特殊时，心理上就会产生优越感。有了优越感，就会影响甚至阻止一个人的奋斗精神，从而产生一系列问题。所以，特殊化是坚决要不得的。从那以后，舅舅再也不敢坐前排了。

不搞特权。不仅孩子们的日常生活不能搞特殊化，姥爷也要求家人们不能利用自己的职权和影响在任何事上搞特权。

家乡不能搞特权。舅舅经常会提到一件事。当时一汽出了解放牌汽车，产量有限，能有一辆可太不容易了。姥爷的老家湖南省临澧县派了两个亲戚来找姥爷，意思是看能不能要一辆。结果，被姥爷断然拒绝了：自己的家乡也不能搞特殊！事儿没给办，亲戚们心里肯定不好受，也怪别扭的。姥爷没有多说什么，而是非常客气地让舅舅陪他们吃了顿饭。

家族不能搞特权。土地改革时，按照规定，湖南老家有些族人的田地被没收了。虽然这是按政策办事，被收的田地也不止一家两家，但族人们还是想试着争取一下，看有没有网开一面的可能。于是，他们找到了姥爷。结果，姥爷没有给当地政府打招呼，而是直接写了封信规劝族人，让他们理解国家的土改政策，一定要积极配合政府，该怎么办就怎么办。

家人不能搞特权。三姨林利回忆说，1946 年，她从国外回到延安，与姥爷久别重逢。没多久，组织决定让她到东北工作，不得不再次和姥爷离别。姥爷对她说，分别多年，本来想父女在一处生活，但这是中央的意见，希望她以后在新的环境里努力工作。姥爷还特意提醒她，不能因为私事要求组织上和他通电报。

大概是在这样的环境下长大的缘故，虽然外人会觉得，哎呀，你是哪个领导的外孙如何如何，但我并不觉得自己和别人有什么不同。我的学习、工作、生活和普通人没什么两样，我和姥爷的关系也跟普通的姥爷和外孙没什么不同。

事实上，我们这个年代的人所经历的那些事，我都经历过。毛主席叫大家上山下乡，我就跟着上山下乡；国家让当兵，我就去当了兵；后来恢复高考，我也和大家一样备考、考试；大学毕业后，我也是拿着文凭找工作，到了年纪就退休。所有这一切，并没有因为我是林伯渠的外孙而有什么不同。

艰苦朴素。二姨林秉蘅回忆说，家里最宽裕的日子应该就是和二伯家同住在一起的时候了。即便是在这样的时刻，家里的装修摆设都是非常简单朴素的。在城市居住时，姥姥经常和姥爷朋友的家眷们往来，她们在一起的画面可谓对比鲜明。那些人生活优裕，穿戴阔气，而姥姥则生活简约，穿着朴素。二姨说，她从没听到姥姥因为生活清苦有过什么抱怨。

事实上，家里谁要是贪慕虚荣，肯定是要被姥爷批评的，而且会非常严厉。姥爷的堂弟买了一双皮底黑缎子面的鞋，大概是遭到了姥爷的批评，后来每次穿那双鞋，他都会躲着姥爷。三姨也曾回忆说，每次去看姥爷，只要姥爷觉得她的穿着不够普通，就要批评她。

不收礼。中国是个人情社会，一做官就会有人来找你办事，找你办事就会送礼。姨妈们都亲眼见过，姥爷任湖南省财政厅厅长时家里门庭若市的样子。除了求办事的，还有很多人情往来的。人们送什么礼的都有，甚至还有人要给姥爷送姨太太。无一例外地，这些都被姥爷拒绝了。

有些人不死心，想尽办法留下礼物，甚至把东西往门口一放就走了。没办法，姥爷只能拿着东西追出去，让人家赶快拿走。有时候，他还要派当差的给送回去。二姨说，从那时候起，她就知道礼物不能乱收。

其实，送礼这件事很微妙。我相信，很多人一开始也是拒绝的。但时间长了，官儿当大了，送礼的人越来越多，他们就麻木了，一麻木就收了。收了礼，你就得给人家办事，一办事就出大问题了。所以，收礼的破坏性是非常大的。

退休前，我是一名医生，这也是一个经常会被送礼的职业。很多人担心医生在看病尤其是手术时不尽心尽力，所以，在手术前，病人或病人家属就到处托人找关系，拼命给医生塞红包，以求被照顾。我从来不收。救死扶伤是医生的本分，不应该是给了钱就好好救人，更不会是不给钱就糊弄行医。如果病人又送东西又送钱，就把医患关系变复杂了，医生还怎么治病呢？做事要守规矩，做人要讲规矩，如此才能守住底线。

（供图 / 齐放）

彭德怀像

我的伯祖父彭德怀：
顶天立地的共产党人

受访者 | 彭宇（彭德怀之侄孙） 撰文 | 方湘玲

彭德怀（1898—1974），无产阶级革命家、政治家和军事家，党、国家和军队的杰出领导人之一，中国人民解放军的缔造者之一，中华人民共和国开国元勋。原名得华，号石穿，湖南湘潭人。

1916 年，彭德怀参加湘军，1928 年 4 月加入中国共产党。7 月领导平江起义，组建中国工农红军第五军，任军长。后任第四军副军长兼第三十团团长，红三军团总指挥，红一方面军副总司令，中华苏维埃中央革命军事委员会主席团副主席。1934 年 10 月参加长征。抗日战争全面爆发后，担任八路军副总指挥、第十八集团军副总司令。1940 年，指挥百团大战。解放战争时期，担任中国人民解放军副总司令员，西北野战军、第一野战军司令员兼政治委员。

新中国成立后，任中央人民政府人民革命军事委员会副主席，西北军政委员会主席，西北军区司令员。1950 年，美帝国主义把侵略朝鲜的战火烧到鸭绿江边，彭德怀肩负中国人民的重托，出任中国人民志愿军司令员兼政治委员，率领志愿军与朝鲜人民协同作战，取得抗美援朝战争胜利。

1954 年 9 月任国务院副总理兼国防部部长，主持中共中央军委日常工作。1955 年被授予中华人民共和国元帅军衔和一级八一勋章、一级独立自由勋章、一级解放勋章。1956 年当选为中共中央政治局委员。

1959 年中共中央政治局扩大会议期间遭到错误批判，调离领导岗位。1978 年中共十一届三中全会为他平反昭雪，恢复了名誉。

彭德怀有三个弟弟。大弟彭金华和妻子周淑身育有两个子女，分别为彭梅魁、彭康白。二弟彭荣华和妻子龙国英生育有六个子女，分别是彭秀兰、彭起超、彭爱兰、彭康志、彭正祥、彭玉兰（后改名彭钢）。三弟幼年夭折。

彭宇，1965 年出生，彭起超的二儿子。

提到我的伯祖父彭德怀，很多人都会联想到毛主席赞扬他的诗句："谁敢横刀立马，唯我彭大将军！"身为中华人民共和国开国元帅，中国人民解放军创建人和领导人之一，伯祖父无愧于这首诗的豪迈与褒奖，他用自己的一生，为中国人民的解放事业和社会主义建设事业作出重要贡献，也是我们子孙后代永远的骄傲和榜样。

众所周知，伯祖父在 1959 年的庐山会议以后被罢官，住进了位于北京郊区的吴家花园，而我出生于 1965 年，因此，我和家族中大多数的第三代一样，难得有和伯祖父见面、相处的机会。但通过父亲彭起超和几位姑姑、叔叔的讲述，我们从小就知道，伯祖父戎马一生，刚烈严厉，有着坚定的共产主义信念，是个顶天立地的共产党人。

爱党爱国，信仰坚定

伯祖父彭德怀原名彭得华，1898 年出生于湖南省湘潭县乌石镇彭家围子，家中兄弟四人，伯祖父排行老大。因为家境贫寒，他仅读过两年私塾就被迫辍学务农，和生病的父母一起，扛起照顾家庭的重任。然而不久后，伯祖父又接二连三地遭遇了人生中的重大打击，先是眼睁睁地看着自己的母亲因疾病和饥饿离世，后又目睹半岁的小弟弟饿死在他的怀中。然而，生活再难，也得继续。送走两位至亲后，年少的伯祖父给地主看牛、下煤窑做工、去洞庭湖做堤工，为一家人的生计劳碌奔命，吃尽旧社会的苦头。

1916年，伯祖父投身湘军，之后一路奋进，于1922年考上湖南陆军军官讲武堂并改名彭德怀，毕业后回到湘军先后担任排长、连长、营长、团长。

伯祖父与共产党结缘在1926年，这一年，因所在部队编入国民革命军，伯祖父认识了共产党人段德昌，受其影响，伯祖父很快表达了要加入中国共产党的意愿。但是，考虑到当时国共合作顺利，中共为照顾统战关系，决定暂不在他所在的第八军中发展党员。不过，这没有影响共产主义思想的种子在伯祖父心中生根发芽，1928年4月，伯祖父已经担任湘军的团长，但他毫不犹豫地放弃别人描绘的“大好前程”，不顾此时是大革命失败的非常时期（1927年4月，蒋介石在上海发动四一二反革命政变，5月，许克祥在长沙发动“马日事变”，大批共产党人被捕杀，革命陷入低潮），毅然加入中国共产党。

从入党宣誓那天起，伯祖父在自己长达三十余年的军事生涯中，无论是战争时期还是新中国成立后，无论是顺境还是逆境，始终以坚定的信念践行庄严的誓词。他几度临危受命，从坚守井冈山到百团大战，再到保卫延安、抗美援朝，一次次用自己的忠诚，诠释一个坚定的共产主义者应有的责任和担当。

我的父亲彭起超说，正是源于伯祖父对党的这份忠诚，1937年，伯祖父让二伯祖父彭金华到延安，进入抗日军政大学学习并加入中国共产党。第二年，二伯祖父回到家乡后，我的祖父彭荣华也加入共产党，兄弟俩遵从伯祖父的意思，共同在家乡从事党的地下工作。伯祖父万万没想到，自己最亲的两位弟弟竟因此献出了年轻的生命。

10月4日凌晨，彭家围子遭到国民党特务的包围。在突围过程中，我的祖父彭荣华被国民党反动派在故居东厨房外当场杀害，祖母为了救祖父，右手被敌人打伤，倒在地上。二伯祖父彭金华当场被捕，被关押在牢房期间，二伯祖父遭到敌人严刑拷打，但他没有屈服。七天后，二伯祖父被秘密杀害在湘潭易家湾昭山脚下凤凰坡。后来，得益于乌石当地村民的帮助，二伯祖父和我祖父合葬于故居

彭起超和母亲龙国英

的右后山。此时，伯祖父正在华北地区指挥八路军，发动抗战期间我党对日军的一次规模最大、时间最长的战役，也就是著名的百团大战。其间，得知两位弟弟牺牲的噩耗，伯祖父痛彻心扉。但战事要紧，他只能深藏这难以言说的痛楚，化悲痛为力量，全心投入战斗。

有国才有家，在伯祖父心里，国家永远排在第一位，因此，他从不愿给党和国家增添麻烦。

我的小姑彭钢曾回忆，1955 年时，国家和军队干部开始实行薪金制，干部子女上学改由家庭负担。那天，学校给小姑一封信，上面说明小姑作为烈士子女，按规定继续由国家供给。小姑将信带给伯祖父，伯祖父当即给学校回了一封信："不要国家供给，由我来负担，现在国家还很困难，要用钱的地方很多，我们减轻一下国家负担也是应该的。"不只是小姑，那些年，伯祖父用自己的工资默默承担几个侄子、侄女的学费，从小学一直读到大学，坚决不给党和国家增添负担。

更难能可贵的是，即使在"文化大革命"时期，受到排挤后被派到三线工作，伯祖父也一直忠诚于中国共产党，还教导家人们爱党爱国，我的父亲彭起超就是其中之一。当时，受到伯祖父被批判的影响，父亲先是从福建被调到武汉去看守机场跑道，后来又被"清洗"出部队，到武汉肉联厂杀猪卖猪肉。担心父亲思想负担较重，伯祖父特地给他写了一封信：

起超同志：

来信收到，知道你们情况，甚慰。我没有分配日常事务工作，很清闲，身体还好，感到有力无处使！其他大体与北路门时相差不远。

……

共产党人是有成分论者，无产阶级是最革命的，这是基本的观点。因此，我们看问题必须坚持阶级观点。同时，我们又不是唯成分论者，这就是说，要看到每一个人的政治表现、言论和行动是否一致，这就要对每一个具体的人做具体分析……学习毛泽东思想是十分重要的！因为国际上处在大动荡、大混乱、大改组时期，国内也处在一个大改造时期……将会由最革命的毛泽东思想统一起来。

在思想上工作上应向高标准看齐，经常去找差距，就会感到自己比不上别人，就会虚心，就会不断进步。生活上要向低标准看，主要是向五亿多农民去看，这样就会感到满足。以此共勉。

祝你们好！

清宗

一九六六年十一月二十日午

收到这封信，我的父亲被深深触动了，伯祖父当时的处境堪忧，却依然爱党爱国，坚信毛泽东思想是全体共产党人集体智慧的结晶，这是怎样的坚定不移啊！后来，每次读到这封信，我都深深被伯祖父坚定的信仰所折服，伯祖父这一代共产党人，是真正将信仰刻进了骨子里。这封信也感动了很多人，中央电视台曾专门播出过这封信，朗诵者是在电视剧《跨过鸭绿江》中饰演彭德怀的知名演员丁勇岱。直到今天，再重温丁老师声情并茂的朗诵，我仍然感慨万千。

伯祖父对党矢志不渝的信仰也深深影响了我们家一代又一代的孩子。记得在“文化大革命”时期，我们一次次目睹父亲彭起超被拉出去批斗，再伤痕累累地回来，曾有过很多无奈和气愤。但即使在这样的情况下，父母也依然向伯祖父学习，教育我们兄弟三人长大后要忠于祖国忠于党。那时候，经常有人问我们兄弟几个长大了的理想是什么，我们不像其他孩子回答“挣大钱”之类，而是都满怀憧憬地说要当“解放军”“医生”，这或许就是红色后代的不一样之处吧！

我的小姑彭钢，更是传承了伯祖父的一身正气，从总后勤部的专职纪委副书记到总政治部纪检部部长、中央军委纪委副书记，做事讲原则，雷厉风行，被誉为“军中女包公”。人们并不奇怪，因为她是彭德怀的侄女，是革命者的后代，身体里流动着红色血液。

亲民爱民，心系百姓

伯祖父出身老百姓，也一辈子重视老百姓。他不止一次说过：“我们共产党员要像扫把一样为人民服务，供人民使用，而不要像泥菩萨一样让人民恭敬我们、称赞我们、抬高我们、害怕我们。泥菩萨看起来很威严吓人，可是它经不起扫把的摔打。扫把虽是小物件，但每一家都离不开它。”伯祖父这么说，也一直这么做。他的多位老部下都曾说，伯祖父一贯严肃，有时脾气也大，但实际上，在面对老百姓的时候，他都是和蔼可亲的，并且一直把老百姓放在心里。

庐山会议后，原本居住在中南海永福堂的伯祖父，带着全家移居北京西北郊挂甲屯吴家花园，在此一住就是6年。处在人生低谷，伯祖父仍然想百姓之所想，急百姓之所急，尽力帮当地村民解决困难。

伯祖父到吴家花园之初，发现村民喝的水是小土井里不洁净的地表水，担心这样的水喝下去影响村民们的身体健康，伯祖父就让村民们来吴家花园的机井里接水回家。可没过多久，警卫战士怕造成安全保卫隐患，不再允许村民前来接水。伯祖父急在心里，反复琢磨后，他想到一个两全其美的好办法：让人在墙角掏了个洞，把水接到墙外，让村民得以接水，村民们都感动不已。更让他们高兴的是，不久，在伯祖父和当地领导的高度重视和关心下，村里重修机井，彻底解决了吃水难的问题，大家都喝上了干净的井水。同样，见当地村民家没有通电，孩子们都在昏暗的油灯下写作业，伯祖父又出钱出力，帮村民们家家户户通上了电，用上了电灯。

伯祖父对村民们的关心还有很多。1961年夏天的一个深夜，天降暴雨，想着那段时间雨水多，伯祖父担心村民的房子塌掉，急得躺在床上翻来覆去睡不着。熬到凌晨三四点钟，看见大雨还没有消停的意思，伯祖父再也躺不住了，立马穿上雨衣，让警卫战士带着草帘子、席子，冒雨到村里查看险情，指挥战士和青壮年群众对危房进行紧急加固，见有些村民家里的房子已经出现险情，伯祖父就把他们安置到吴家花园。

在挂甲屯和村民们接触多了，伯祖父也很想念自己的故乡，想看看家乡农民的生活情况。1961年9月，他给毛主席写了一封信，提出要到农村做调查研究，请求中央允许他回故乡考察三个月。征得毛主席的同意后，11月3日，伯祖父再次回到他魂牵梦绕的故乡。

乌石镇的老人们至今还记得伯祖父当初回家的情景，他热情、亲切地接待了2000多名来访的农民社员，像普通的乡邻一样，用地道的家乡话，与大家促膝谈心，嘘寒问暖。

我的叔叔彭康志曾告诉我们，伯祖父回家后，走遍了故乡的山山水水，还带着他的两个随行人员，开田挖地。家乡的一位老人曾动容地夸他："那时候，彭老总也不年轻了，他已经六十多岁了，背也有点儿驼了，但干起农活儿时，他卷起裤脚，捋起袖子，抡起几斤重的锄头，不停地挖着，和我们也没两样。"听到老人的这番话，我意识到，这就是伯祖父的劳动人民本色，也是他身上淳朴而自然的闪光点，他的根在农村，关心、帮助穷苦农民是他的本能。

我的父亲说过，伯祖父不仅自己心系百姓，还要晚辈们多为老百姓想。一天，父亲去枣园看望伯祖父。两人散步到一棵核桃树前，伯祖父语重心长地说道："这种树才好。它所求不多，只要有阳光雨露，再贫瘠的土地，好养活，也能结出果实，长出挺直坚硬的树干。它的贡献可大呀！我们做人，就要像这种核桃树一样，不能只向人民索取，要心地正直，踏实地为党为人民多做事情。"父亲明白这是他对下一代的期待，也是红色家风的传承，牢牢记住了伯祖父的话。

我们小时候，父母经常给我们讲伯祖父亲民爱民的故事，并教导我们长大后一定要尊重老百姓，力所能及地为老百姓做些事情。如今，我们正尽力而为。

这些年，我们也像伯祖父一样，一直将老百姓放在心里，了解到一些革命老区有需要帮助的残疾人、学生，我们就经常和其他的革命后代一起从事公益活动，为需要帮助的老百姓捐款捐物，奉献爱心，受到人们的一致好评。

艰苦朴素，勤俭节约

伯祖父艰苦朴素的作风也有口皆碑。我从小就听父母和姑姑讲，伯祖父生活俭朴，从不搞特殊化，坚持和战士们同甘共苦，一样吃大灶。

1947年，伯祖父率领部队离开延安，转战陕北。考虑到军务繁忙的伯祖父患有胃病，部队又天天吃小米干饭，为了给他改善伙食，新来的警卫员特地买了一只鸡，炖好端给伯祖父，结果伯祖父却让警卫员端走了鸡，还是像平常一样，吃从大灶（战士灶）打来的小米干饭、白萝卜。过了十来天后，警卫员担心时间久了，伯祖父的胃吃不消，又为他炖了一只鸡。这一次，伯祖父发脾气了，性格耿直的他一气之下，让这名警卫员回到原来的部队。警卫员不知道，在伯祖父看来，部队条件越是艰苦，他越要吃苦在先，享受在后，“有盐同咸，无盐同淡”，如此军中才能上下齐心，战士们也不会有怨言。

那些年，伯祖父在生活上的节俭也是广为人知，他在自己的回忆录中曾写过这样一段话：“童年时期这段贫困生活，对我是有锻炼的。在以后的日子里，我常常回忆到幼年的遭遇，鞭策自己不要腐化，不要忘记贫苦人民的生活。”因此，抗日战争时期，华北粮食极端不足，伯祖父号召部队到离村庄远的地方挖野菜，把靠近村庄的野菜留给老百姓。那时，伯祖父到基层部队，对方都知道接待他的规矩，只需准备灰灰菜、炒辣椒之类的菜。这个生活标准，就算是在当年，也称得上是简单到不能再简单了。

新中国成立后，伯祖父这个生活标准依然没有提高，他走到哪里，也没有人敢摆宴招待，因为大家都知道他脾气大，怕他不吃事小，还要大骂一番。熟悉伯祖父的人都知道，1957 年 8 月，伯祖父赴张家口、大同、太原等地进行战役勘察。出发前，他给随行工作人员“约法三章”：第一，到院校和部队后，一律住到一般干部和部队营房，不得住招待所，不要惊动地方党政领导同志；第二，不麻烦各单位负责同志到车站迎接，只需要派一位管理员带路；第三，交通方式选择坐火车去，购买普通座票，不许单挂车皮。

没想到，8 月 12 日，当伯祖父一行乘火车抵达张家口站后，当地驻军领导同志还是前来迎接，结果毫无悬念，伯祖父当场拉下脸责问：“不是已经告诉你们不要来，为什么还要来？”这一幕，让前来迎接的领导同志很是尴尬，也让大家知道，伯祖父一直提倡的艰苦朴素不是嘴上说说而已，而是实实在在地用行动践行。父亲和姑姑叔叔们也都提起过，在革命战争岁月，伯祖父身上的衣服是补丁加补丁，新中国成立后，他也是一身衣服一穿就是很多年。

关于这点，我曾经看到过一位知名人士回忆伯祖父的文章，文章写的是 1957 年，伯祖父去温州视察工作的情景：“彭老总装束很普通，穿着一身草绿色的军便服，据说这还是 1950 年以前在西北发的。在朝鲜战场烽火连天的岁月里，他也是穿着这套衣服亲临前线指挥作战。如今，他还穿着这套料子很粗，却洗得很干净的衣服，连帽子也没换。皮鞋已经磨得发白了，衬衣也是用普通的布料做成的，随带的日用品，都是一般同志出差时所有的。看到彭老总一身装束如此朴实简单，我们在场的人都非常感动。”也难怪大家感动，彼时，伯祖父已经位居国防部部长，却还像从前一样勤俭节约，实在让今天的我们自叹不如。

榜样的力量是无穷的，在伯祖父的言传身教中，父亲和姑姑叔叔们也都向伯祖父学习，将勤俭节约当成自己的必修课。在我小时候，父母虽然很少跟我们讲些大道理，但总是教育我们能节省时一定要节省，尤其不能浪费粮食。那时候，如果我们兄弟三人谁碗里的饭粒没有吃干净，或者饭菜掉到地上，父亲一定会额外赏我们一个“大毛栗”（用手指关节敲我们的头）。从小到大，我们兄弟三人是不会轻易添一件衣服的，每一件衣服、每一双鞋子，都是哥哥的穿不上了，就会给我穿，我穿不了再给弟弟穿，真正做到“新三年，旧三年，缝缝补补又三年”。说实话，早些年，我们也不懂父母为何如此“抠门”，长大后才知道，是我们一大家人早已在潜移默化中学习并传承了伯祖父勤俭节约的作风，这也是伯祖父留给我们的一笔巨大的精神财富。

公正严明，亦慈亦让

伯祖父对侄子和侄女视如己出，但该教育的时候，他也是十足的严父，对此，我父亲彭起超深有体会。父亲出生于 1928 年，这一年，伯祖父与滕代远、黄公略等革命先辈领导平江起义，组建中国工农红军第五军，任军长兼第十三师师长。之后，伯祖父率领部队转战湘鄂赣，建立了三省边界革命根据地后，伯祖父率领五军主力到达井冈山，与毛泽东、朱德领导的第四军会师。

原本，干大事的伯祖父和家乡的父亲相隔千里，只因 1940 年，祖父遭受国民党反动派枪杀后，留给父亲的临终遗言就是让他去太行山找伯祖父，为天下穷人报仇。然而，祖父牺牲后，年仅 12 岁的父亲既要躲避敌人的搜捕，又要帮着祖母龙国英照顾年幼的姑姑叔叔们，一直没有办法离开家乡。直到两年后，他才历经艰辛来到太行山，找到了伯祖父，成为姑姑叔叔们中最早跟随伯祖父的人。

父亲告诉我们，伯祖父很疼爱他。有一次，伯祖父看到他的裤子后面破了个洞，就把父亲叫到身边，亲手帮他补裤子。但是疼爱归疼爱，见到父亲后，伯祖父并没有把他留在身边，而是把他送去部队，随部队到前线打仗。在伯祖父看来，父亲是他的亲侄子，也是个勇敢无畏的男子汉，应该去接受战斗的洗礼。

伯祖父对父亲一贯要求严格。重庆谈判时，父亲是警卫战士，随周副主席和王震去重庆。当时组织给他发了一双皮鞋，这也是父亲的第一双皮鞋，父亲十分珍惜。没想到，从重庆完成任务回来后，伯祖父无意中看到了这双皮鞋，问清情况后，马上要求父亲：“起超，把皮鞋擦干净，明天交到供给部去！”皮鞋是上级发给自己的，现在却被要求交上去，父亲不理解。伯祖父严肃地说道：“你知道这双皮鞋要花多少钱吗？几个农民才能养活一个战士，这双皮鞋要花去多少老百姓的心血？”听了伯祖父的这番话，父亲明白了伯祖父的心思，很快按照他的要求，上交了皮鞋。

当然，父亲也有不理解伯祖父的时候。1955 年大授衔时，父亲在哈军工是带职学习。按照军衔评定标准，父亲可以像和他同一级别或者差不多时间参军的战友们一样，被授予上尉军衔。没想到，彼时负责全军组织军委日常工作的伯祖父，特意告诉哈军工的院长陈赓，将父亲的军衔降为中尉。

想着自己 16 岁参军，参加过抗日战争，解放战争中还担任过副连长，立过战功，现在却无缘上尉，父亲越想越不甘心，假期从哈

年轻时的彭起超

尔滨跑回家，进门后一脸怨气地问伯祖父："大伯，您为什么要这样做？我可是您的亲侄子呀！您当国防部部长，为什么不按政策办事呢？"伯祖父掷地有声："正因为你是我的侄子，我才从你抓起，不然我从谁抓起？清楚的人，知道你是凭自己本事当上上尉的；不清楚的，总觉得你是依靠我彭德怀的关系当上的！要是解释不清楚，是不是就会影响咱们部队的形象？我只有牺牲你才能服众，这不是政策的问题，是重视大局的问题。"以大局为重的道理父亲自然懂，但那时的他年轻气盛，一时不愿意接受这个结果，气得和伯祖父吵了一架，还在第二天一早就乘火车回学校。因为生伯祖父的气，他连声招呼也没打就离开了。

父亲说，从伯祖父家走的那天，小姑彭钢赶去火车站送他，并专门给父亲带了一封伯祖父写的信和一条围巾。听到小姑说："这条围巾是伯父让我给你的，他说哈尔滨的冬天冷，要你穿暖些。"父亲的心又被伯祖父打动了。伯祖父在信中劝慰父亲："起超，彭家的家风便是清正、廉洁，你既为彭家人，就要遵守彭家的家风。想想那些为革命牺牲的人，想想你的父亲，他连一个军衔都没有，你和他相比，还有什么不满足的呢？作为国家的军人，在乎的应该是如何更好地担负起保家卫国的重任，而不是单单在乎自己的军衔有多高……俗话说，近水楼台先得月，可从我这儿，得改改这个规矩，那就是近水楼台‘不’得月。你也许一时想不通，但时间久了，你会明白伯伯的一番苦心，严是爱，松是害……”

父亲说，看完信后，他感觉有一股热流流过全身，眼泪不由自主地往下淌。后来，随着年龄的增长，父亲深深懂得，这次“近水楼台不得月”，实际上是伯祖父在锻炼自己，让自己得到更好的成长。

舐犊情深，铁骨柔情

和父亲一样，姑姑叔叔们也得到了伯祖父给予的很多亲情和温暖。在我的祖父彭荣华和二伯祖父彭金华牺牲后，伯祖父就承担起了教育、照顾包括我父亲在内的八个侄子侄女的重任。更值得一提的是，伯祖父还抚养了三位牺牲战友的儿女，他们分别是黄公略烈士的女儿黄岁新、陈毅安烈士的儿子陈晃明、左权烈士的女儿左太北。伯祖父关心爱护这些孩子，给予他们父爱，悉心教导，陪伴他们成长。

大姑姑彭梅魁记得，1949 年，伯祖父的老战友吴德峰，派人将姑姑叔叔们接到武汉汉口上学。1950 年夏天，年过半百的伯祖父将侄子侄女们接到北京饭店，此时，伯祖父已经担任中央人民政府人民革命军事委员会副主席。大姑姑说，见面那天，他们几个孩子特别激动，伯祖父也笑眯眯的，非常开心，还在当天晚上和侄子侄女们一起打地铺睡。大姑姑年纪较大，也很懂事，她心疼地说道：“伯伯，您岁数大了，打地铺吃不消的，还是上床睡吧。”伯祖父乐呵呵地笑道：“哈哈，今天大团圆，一律平等，再说现在能睡在这儿就不错了，打仗的时候哪里有地方睡啊。”伯祖父没有子女，侄子侄女无疑是他的至亲。好不容易见到侄子侄女们，他的舐犊之情溢于言表，连睡觉也舍不得先睡，硬是等孩子们都睡下后，再一一帮他们盖好被子，自己最后才安心睡下。

不久后的 1950 年 10 月 4 日，远在西北的伯祖父被中央紧急召来开会，等待他的是又一次临危受命——抗美援朝。两天后的晚上，伯祖父将在北京的六个侄子侄女（我父亲在部队，大姑姑在湘潭老家）接到北京饭店，给他们准备了冬装、秋装，还有大概两年的生活费，安排好孩子们的一切，他带领志愿军出征朝鲜，拉开了抗美援朝战争的序幕。

1952 年 7 月，从朝鲜前线回国后，伯祖父搬到了中南海永福堂居住，这里也成了姑姑叔叔们的家。那时候姑姑叔叔们都住校，只在周末时回家，伯祖父很珍惜和侄子侄女们相处的时光。由于年纪最小的小姑彭钢有时周末也在学校留宿，伯祖父又格外疼爱她，就劝她走读，说家里热闹些。小姑不愿意，觉得家里没有学校自由，还调皮地告诉伯祖父：“如果住在家里，我走路上学要半个小时，这个时间我还可以看书呢。除非您给我买自行车，否则我不走读。”出乎一大家人意料的是，伯祖父真的给小姑买了一辆蓝色的自行车。这对于一生节俭的伯祖父来说，无疑是一次例外，也足以说明伯祖父是从心底宠爱侄子侄女们。

更让父亲他们兄弟姐妹感动的是，那时候伯祖父省吃俭用，给他们每人都存了 200 块钱，指望在他们需要用钱的时候能够应急。

200块钱在当时算一笔大数目，其彰显的是伯祖父对侄子侄女的那份操心和慈爱之情。因为感动于此，大姑彭梅魁一辈子都珍藏着伯祖父给她的那200块钱，哪怕生活再难都没舍得用，她曾跟我们说过，想到或看到这200块钱，她就如同看见伯祖父，想起伯祖父的好。

大姑姑还说，伯祖父给她这200块钱时，她刚大学毕业，已被分配到北京第一汽车厂医院当医生。出发前，伯祖父依依不舍，担心大姑想念亲人，伯祖父和伯祖母特地送了一只手表给她，还告诉她："梅魁，你要是想家里人了，就看着这只手表。"听到这话，大姑的眼泪在眼圈里直打转，这一幕的温馨，以及伯祖父的可亲可敬，也永远留在她的心里。

遗憾的是，伯祖父被打倒以后，他的侄子侄女们都难得有机会和他相处，唯有小姑彭钢陪伴在他身边。处在巨大的痛苦中，突然闲下来的伯祖父更加疼爱小姑。小姑含泪说过，她喜欢游泳，但家里没有热水洗澡，伯祖父就把一盆一盆的水拿到院子里面晒热了，等她游泳回来用；小姑工作以后，因为工作忙，地点很远，下班回来后总是疲惫不堪，伯祖父就在她每天上班前，帮她冲好奶粉，再叫她起来吃饭，还接送她上下班。

小姑也见证了伯祖父的艰难，尤其是1962年，伯祖父被扣上了"里通外国"的帽子后，他更加痛苦。几天后，伯祖父告诉小姑，他要用事实说话，不表功，只说事实，于是给中央和毛主席写了一封长信，后来被人们称为"八万言书"。遗憾的是，伯祖父的境况并没有得到改变。

也是由于伯祖父被打倒，我们家族中第三代的孩子，连见他一面都变成了奢侈。我哥哥彭东则比较幸运，1964 年曾跟随祖母龙国英到北京探视伯祖父，并和伯祖父合影，这也是伯祖父住在吴家花园时的唯一一张照片。

后来，大姑彭梅魁带着孩子们去吴家花园看伯祖父，看到他和孩子们玩得很开心，大姑就提出让伯祖父和孩子们照张相，他却觉得自己被打倒了，怕连累家人，叹息着说：“哎呀，我的名声不好啊！”随后就躲到帘子后面，跟孩子们“合影”。直到今天，看到这张特殊的合影，我们一家人还是倍感心酸。

更让我们一大家人痛彻心扉的是，1974 年 11 月 29 日，没有亲人的陪伴，也没有任何送别仪式，伯祖父孤独地离开了这个世界，他的骨灰被化名“王川”寄存在成都的一座公墓里。

彭宇参加八路军文化节活动

彭宇参加庆祝中华人民共和国成立70周年活动

1978 年，伯祖父终于获得平反，同年 12 月 24 日，中共中央在人民大会堂为他举行了隆重的追悼会，当时 14 岁的我作为他的后代，和家人们一起，被接到北京参加追悼会。

时光荏苒，1999 年，经过中央批准，父亲和他的兄弟姐妹们将伯祖父的骨灰送回湖南湘潭老家，和我祖父以及二伯祖父安葬在一起。

如今，我也经常和家人聊伯祖父，我们都认为，伯祖父一生不贪财，不图名，一心革命，不忘初心，虽然没有给我们留下物质财产，却留给我们丰厚的精神财富。我们身为他的后人，在敬仰之余，要去弘扬他的精神，传承他的优良作风。因此，我多次告诉自己的孩子："我们做不出太大成绩为你太爷爷争光，但我们一定要做到，不能给咱们伟大的国家抹黑，不能给伟大的共产党抹黑，不能给敬爱的老总抹黑！”这些年，我们经常和其他的革命后代一起，到革命老区去从事公益活动，为学生、残疾人等需要帮助的群体捐款捐物，奉献爱心。同时，我们也尽力宣传红色文化和红色精神，革命先辈们打下江山很不容易，我们希望更多的人记住、缅怀他们，爱党爱国，珍惜今天的幸福生活。

（供图 / 彭宇）

1958年陈毅全家在中南海庆云堂

我的父亲陈毅：
红色诗意的家国情怀

受访者 | **陈昊苏**（陈毅之子） 撰文 | **余玮**

陈毅（1901—1972），无产阶级革命家、军事家、外交家，中国人民解放军的创建者和领导者之一，党和国家的卓越领导人之一，中华人民共和国开国元勋。字仲弘，四川乐至人。

1919 年，陈毅赴法国勤工俭学，1921 年回国。1922 年加入中国社会主义青年团。1923 年加入中国共产党。1927 年任武汉中央军事政治学校中共委员会书记。同年参加南昌起义，任第十一军二十五师七十三团政治指导员。1928 年 1 月，与朱德领导湘南起义。1928 年 4 月，与朱德一起率部上井冈山，同毛泽东领导的秋收起义部队会师。历任工农革命军第四军政治部主任兼第十二师师长，红军第四军军委书记、前委书记、政治部主任等职。中央红军主力长征后，任中央苏区中央分局委员、中华苏维埃共和国中央政府南方办事处主任，领导南方三年游击战争。

抗日战争全面爆发后，陈毅任新四军第一支队司令员，江南指挥部、苏北指挥部指挥，新四军代军长、军长等职。

解放战争时期，陈毅历任华东军区司令员，华东野战军司令员兼政治委员，中原军区、中原野战军第一副司令员，第三野战军司令员兼政治委员等职。

新中国成立后，陈毅任中央人民政府人民革命军事委员会副主席，上海市市长等职。1954年任国务院副总理。1958年兼任外交部部长。还曾任中共中央军委副主席，第一至三届国防委员会副主席，第三、四届全国政协副主席。是中共第七、九届中央委员，第八届中央政治局委员。

1955年被授予中华人民共和国元帅军衔，一级八一勋章、一级独立自由勋章、一级解放勋章。

陈昊苏，1942年出生，陈毅之子。是第四、五、六届全国人大代表，第九届全国政协委员，第十届、第十一届全国政协常委。曾任七机部二院二十三所研究室副主任，军委办公厅秘书，军事科学院战史部研究员，共青团中央书记处书记，中共北京市丰台区委常务副书记，北京市副市长，广播电影电视部副部长，中国人民对外友好协会副会长、会长等职。中国作家协会会员，著有《陈昊苏诗集》等文学著作。

受到父亲的影响，我喜欢文学、历史与诗歌创作。我在大学学的是工科，后来从事政治方面的工作，担任过一些领导职务。我觉得，为国家发展、进步贡献力量，这是我们人生的正确道路。

我并不特别介意被称为“子承父业”。子承父业，也可以说是年轻一代接着老一代的工作去做。我们是老一辈开创的革命事业的接班人！

鞠躬尽瘁，死而后已

1942 年 5 月，我出生在江苏盐城阜宁。

战争年代，父亲一直奋斗在武装斗争的前沿。我出生时，他不在身边。得知消息后，父亲骑着马跑到卫生部来，抱起我看了看就放下走了。当时，有一位外国大夫很不理解，说你们中国人怎么这个样子，好像毫无感情。其实，中国人的感情只是比较内敛，我父亲对我母亲的爱一点儿都不少。当时，我出生的那个小村子叫侉周，父亲就给我取了一个小名“小侉”。

我出生后，并不常常跟父亲在一起。他在前方打仗，我们一般都在后方。在那个战火纷飞的年代，我童年的记忆就是时局动荡、战火硝烟。在抗日战争后半段时期，以及整个解放战争时期，我都是随着部队行动。

年幼的我，对父亲的印象比较模糊，只知道他是一位军人、将领，是“501”。因为大人们都叫他“501 首长”，“501”是父亲当时的代号，这就是他留在我儿时的印象，相当神秘但足够亲切。

新中国成立后，父亲出任上海市市长，一家人才在上海团聚。不过，他当时还兼任华东军区司令员，经常上海、南京两地往返奔波。虽然一家人聚少离多，但父亲却并未放松对我们的教育。

首长的孩子在军营里是很引人注目的，容易滋长骄傲情绪，因此父亲把我送到地方学校读书。在上海读书期间，我从不说自己的父亲是谁，也不说自己住在哪里。一方面，这可能是出于安全考虑，那是一个特殊时期，刚从战争时代走到和平年代，很多斗争仍然很复杂，怕特务搞破坏；但更重要的是父亲不让我们滋长骄气，不要有优越感，到了学校就要和同学打成一片。

父亲有很多工作，但不管工作到多晚，都要回家睡觉。不过一般等他到家时，我们都休息了。第二天一早我们上学，他还没有起床，我们两头见不着。虽然接触不是很多，但父亲给了我们很多关怀和教育，也很关心我们的成长。

1954 年 9 月，父亲担任国务院副总理，调到中央工作。1955 年春，母亲带着我们兄妹一起来到北京上学。这个时候，父亲的姓名就没有必要保密了，但我们还是习惯不对外人说。中午，我们在学校吃饭，晚上回家父亲又出去工作了。父子之间好几天不见面是常事。但当他休息的时候，只要大家在一起吃饭，他就会亲切地询问我们在学校的生活和学习情况。

1958 年，我在北京四中上学，学校邀请父亲来校演讲。那天下午，我和同学们都在上自习，直到操场集合时，才知道是父亲来学校做报告。父亲对我们讲了一些关于人生选择的道理，给我和同学们留下深刻的印象。

1959 年，我高中毕业。父亲 18 岁便赴法国勤工俭学，因此 18 岁的我也想负笈西行。我在外语学院留苏预备班学了一年俄语，计划去苏联留学。但 1960 年，中苏关系出现裂痕，减少中国留苏学生名额。每个学生都面临选择，我表态服从组织分配，终未成行。

1960 年 9 月，我进入中国科学技术大学无线电电子学系学习。其实，我平时受父亲的影响，对文学、历史很感兴趣。在填报高考志愿的时候，我去征求父亲的意见。父亲却建议我学习工科，说他年轻的时候向往工业救国、教育救国。他觉得西方国家的工业发达、科学技术进步，所以人家国力强盛，来到中国不可一世、趾高气扬。

1956 年，父亲担任国务院副总理，分管文化、教育和科学。他和李富春同志、聂荣臻同志一起主持编制了我们国家第一个十二年

1963年冬，全家在中南海

科学技术发展规划。父亲经常对我们讲："你们现在应该去学科学，这是你们对国家可能作出的最大贡献。"

大学毕业后，我进入航天部（七机部）工作。遗憾的是，一场"文化大革命"最终打碎了我的科技梦。1971年，领导让我改行搞政治工作，我征求父亲的意见。当时他已身患重病，父亲说："这个问题现在应由你自己决定。过去我曾经认为我们国家的政治问题已经解决了，所以不主张你们去学政治搞政治。现在看来并不正确。实际上国家的政治问题并没有完全解决。像现在这样，政治上的动荡太频繁，科学技术的发展不可能不受影响。只要你自己把握好，搞政治工作也可以为国家作很大的贡献，要踏踏实实埋头苦干，不搞空头政治。"

父亲的一席话，让我走上从政这条道路，此后历任共青团中央书记处书记、中共北京市丰台区委常务副书记、北京市副市长、广播电影电视部副部长、中国人民对外友好协会副会长，直至中国人民对外友好协会会长。

1955年，父亲被授予元帅军衔，这是军人的最高荣誉。父亲在授衔后常常说"凭君莫话封侯事，一将功成万骨枯"。他作为中国革命第一代领导人，把对革命的那种忠诚、那种热爱、那种责任和担当传递给了我们。这些都体现在他日常的言传身教里。他常常跟我们说，不能躺在他的功劳簿上。

1972年1月6日，父亲因患肠癌不幸病逝。按照事先的安排，父亲的追悼会于1月10日下午3点，在八宝山公墓礼堂举行。

事先我们就得到通知，追悼会的规格是按军队老同志较高级别安排，毛主席不参加。但是出乎许多人的意料，毛主席竟然赶来了。

本来是叶剑英元帅致悼词，叶帅在开会前把悼词递给周总理，这样就改由周总理致悼词。追悼会前，在休息室，毛主席把我们家属请了过去。我们看到，老人家一脸悲痛，胡子很长。他身穿睡衣，外面罩着一件大衣，看得出是刚起床就赶来参加追悼会。

毛主席对我母亲说："陈毅是我在井冈山时期的老战友，是个好同志，为中国革命作出了贡献……陈毅和我在革命斗争中曾经有过几次争论，但这是同志之间的争论。"说完，他跟我们几个孩子一一握手，嘱咐我们："要努力奋斗，为人民服务。要真正弄懂这个世界的大事情不容易。你们要准备奋斗 20 年，摔过许多跟头，才能真正懂得世事。"听了毛主席的这番话，我们都深受感动。老一辈革命家都是从奋斗中走出来，经历过许多挫折，最后走上胜利的道路。

秉笔勤书，以诗教子

大雪压青松，青松挺且直。
要知松高洁，待到雪化时。

父亲的这首脍炙人口的诗句早为众人熟知。老一辈革命家持枪跃马、赴汤蹈火的革命激情，光明磊落、不惧生死的浩然正气，永远铭记在我们后人的脑海之中。

父亲 20 岁左右的时候，向往成为文学家。他写了一些诗歌，写过小说。有一些热心人帮助收集了一些，让我们可以看到他的部分早年作品，有 20 篇左右。现在保存下来的最早诗作，例如 1921 年的《归国杂诗》是白话诗，这是受当时的新文化运动影响。1927 年

8 月，父亲参加南昌起义，后来和朱老总一起上井冈山，开始革命战争时期的诗歌创作，就主要写旧体诗词了。红军初创时期，他的诗保留下来的很少。新中国成立后条件比较好了，诗稿得以保存，有些还发表了。但要全部收齐还是一件困难的事情。我认为，父亲最好的诗是他在红军时期，特别是南方三年游击战时期写的。

“资兼文武此全才。”这是柳亚子先生对父亲的由衷赞赏。在“元帅”“外交家”“诗人”这几个头衔中，父亲尤其珍爱“诗人”这个身份。在革命生涯中，父亲用诗歌言志，记录自己的经历。母亲曾经评价父亲的诗作，说他的诗词是“他自己坚持战斗、辛勤工作的纪实，同时也在一定程度上反映了他的同时代人在毛主席指引下，进行变革社会的革命与建设事业中经过的历史道路”。母亲曾形容父亲写诗是“持枪跃马经殊死，秉笔勤书记战程”。时过境迁，母亲的评价看起来依然准确到位，意义深远。

在我刚刚懂事的时候，有一次，父亲指着墙上的一幅挂轴，从头到尾讲解了毛主席手书的《沁园春·雪》，并且由衷地赞叹这首词是“一座雄伟的高峰”。当毛主席的《水调歌头·游泳》发表后，父亲让我们兄妹学习。他叮嘱我们：“毛主席已是 60 多岁了，但革命豪情仍像当年中流击水那样青春焕发。你们这些正当年华的孩子，从小就要向毛主席学习，‘不管风吹浪打，胜似闲庭信步’，一定要在大风大浪中培养和锻炼自己的革命意志。”

父亲作为一位诗人，写诗也是他教育儿女的一种方式。如今，这些诗作已经成为我们家代代相传的“家训”。

1961 年 7 月，弟弟陈丹淮考入哈尔滨军事工程学院。他是我们中第一个远离父母去异地求学的孩子。弟弟动身前，父亲很想与他促膝长谈一番，却因公务繁忙而无暇分身。忙完一天的工作已是深夜时分，弟弟早已进入梦乡。于是父亲便“深夜拂纸笔，灯下细沉吟”，千言万语凝于笔端，写成了《示丹淮，并告昊苏、小鲁、小珊》。在这首诗的小序中，父亲写下“写诗送行，情见于辞，不尽依依”的字句。

小丹赴东北，升学入军工。写诗送汝行，永远记心中。
汝是党之子，革命是吾风。汝是无产者，勤俭是吾宗。
汝要学马列，政治多用功。汝要学技术，专业应精通。

在另一首《示儿女》诗中，他这样写道：

应知重实际，平地起高楼。
应知重理想，更为世界谋。
我要为众人，营私以为羞。

父亲的这些示儿女诗，从心田流出，循循善诱，情深义重，从树立正确的革命理想，正确的世界观、人生观和价值观，到具体工作和生活中为人处世等方方面面，道出了长辈对后代的一片苦心与期望，也道出了一个革命者对子女的要求。

1958 年夏，人民文学出版社副社长楼适夷同志写信给我父亲，说准备出版他的诗集。他们付出很大努力收集了若干首作品，问我父亲能不能再补充一些搞个自选本。父亲当时回复：现在工作很忙，没有时间做文学方面的事情，只好将这些诗作先放下，“冷藏”一段时期，待以后有时间再考虑出版的问题。

1966年“文化大革命”发生后，父亲在政治上受到冲击，虽然有时间整理诗作，但已经没有出版的可能了。后来他病重时，出版诗集成了一个难以释怀的念想。他对我母亲说：“将来有可能，给我出一本按时间顺序编排的诗集。”

父亲去世后，母亲随即也被查出身患不治之症。她是个很有责任心的人，丈夫的遗愿对她来说重于泰山：“这件事，我不替他做，谁能替他做呢？”那时没有电脑、复印机，书稿基本都靠手抄。母亲当时担任军事科学院外军部副部长，叶帅指示军事科学院派人协助打印。当时我曾承担一些誊写抄录的具体工作。

父亲共留下700余首诗。母亲冬天去广东从化、夏天到北戴河休养，每次外出都要把打印稿、手稿、相关素材带在身边。她在病中编成打印本《陈毅诗词》，大开本、三册，同时还编辑了小开本的《陈毅诗词选集》。

母亲在《陈毅诗词选集》编成后题二首诗作，表达她与父亲的战友情怀忠贞不贰、心心相印：“残躯何幸逾寒暑，一卷编成慰我情。”“把卷忆君平日事，淋漓兴会溢行间。”

母亲做完肺癌手术后，不到两年就走了。她1974年3月去世时，“四人帮”还在台上，“文化大革命”还在继续。母亲病危之际，特别嘱咐我们兄妹，要把打印本送到民间收藏，将来总有机会出版。

1976年10月，“四人帮”垮台。仅仅一个月后，人民文学出版社就联系我们，提出出版陈毅诗词的计划。就这样，以我母亲的编辑工作为基础的《陈毅诗词选集》很快出版发行了。1993年，我根据母亲编辑的打印本，由华夏出版社出版了《陈毅诗词全集》。

母亲带病整理编辑父亲的诗集，这件往事直接引导我后来进入文学诗歌的殿堂，成为一个诗人。我的第一部诗集在 1979 年出版，是《红军之歌》；第二部诗集在 1986 年出版，是《继志集》，诗集的命名体现出这个过程。

党团情深，不老青春

> 我庆幸担负起青春的使命，我愿意提供忠诚的证明，面对共青团不相识的朋友们，我希望能够赢得宝贵的信任。
>
> 红星照耀着战斗的士兵，士兵追随着革命的红星，在共青团的光荣行列里，劳动和创造使我们永远年轻。

这是 1981 年 8 月 15 日，我在共青团中央工作时期写下的诗作。在这首诗歌中，我把党和团比作红星，自己则是追随“革命红星”的一名战士。当时，年近四十的我还能够做青年工作，能够在青年人当中活动，这是一份很大的人生荣幸。跟青年在一起，总是能焕发出自身的青春活力。

2022 年是中国共青团成立 100 周年，共青团历史上最重要的经验就是跟着共产党走，为中国的发展与进步贡献青春的力量。在改革开放初期，有少数人在这个原则问题上陷入迷茫，对社会主义的前途缺乏信心，对党的正确领导提出质疑。共青团与这种错误倾向进行坚决斗争，把广大青年团结在党的周围，向着四化建设的宏伟目标前进。

共青团经受了严峻的考验，在党的领导下，坚定不移地向前走，为中国特色社会主义的光荣进取作出贡献。提到共青团的这一段历史，我感到自豪。我把自己美好的青春年华的一部分贡献给了共青团。如果把共青团的历史比喻为一部交响乐和奏鸣曲，那我也曾为她写下一段炽热的诗行、一串火热的音符。

入团和入党在现代中国是每个人革命人生必经的阶段，我当然不能例外。其实，100 年前我父亲就是这样开启了他的革命人生，1922 年加入共产主义青年团，1923 年加入中国共产党。

在我入党的 1963 年 8 月，父亲曾花了四个下午的时间，详尽地给我讲述他早年寻找光明道路的不寻常经历。他讲了自己少年时代家境贫困的情况，着重讲了青年时代出国勤工俭学经历的艰难坎坷，以及回国后为谋求出路，四处奔波呼号、艰辛探索的遭遇。

父亲用过来人的体会对我进行教育：“我参加革命觉悟得比较迟，但一经觉悟就坚决干。觉悟迟没关系，有反复也不怕，只要真正觉悟了就好办。就怕觉悟早而不真，迟早会动摇。”这次父子俩推心置腹的长谈，给我留下了非常深刻的印象，也对我以后的成长起到了很好的指导作用。

父亲当时不会想到我后来会成为团中央的干部。我想他对此会感到欣慰的。

我和父亲与青年工作的渊源因为发生在不同时代有所差异，但对于青年工作的关切以及与青年人的情感相通却没有改变。任何一项事业，如果没有青年人参加，这项事业就要中断，就要停顿。青年是国家的希望，我们的事业不管发展到何等规模，都需要青年人，中国共产党所从事的事业是青年人的事业。我们党已经创建 100 年了，为什么还能焕发出青春的活力？一个重要原因是在党的队伍中，青年人占了多数。党的领导人是当年的青年，现在党的队伍中大量的还是青年。在这些青年党员以外，我们还有共青团的队伍，共青团是共产主义革命的预备队，年轻人在团的队伍中接受政治训练，增长工作才干，发扬革命精神，明确应该走的道路。思想成熟到一定程度，他们就会走到党的队伍中来。

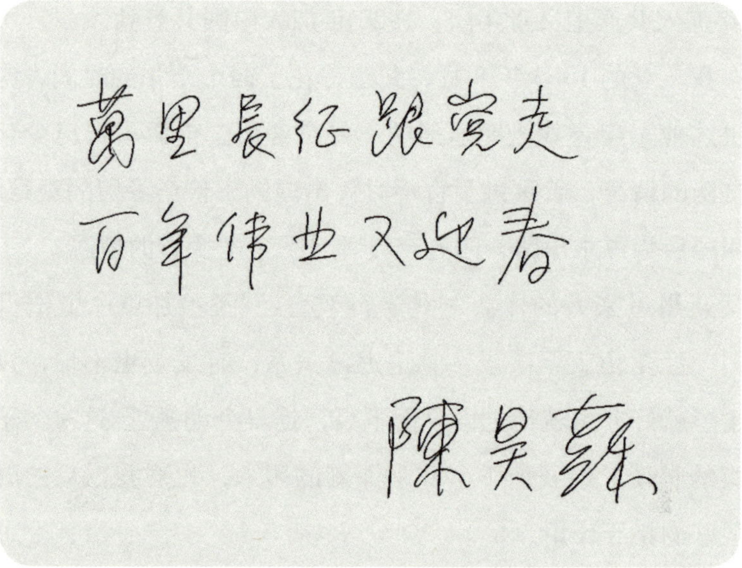

陈昊苏为庆祝中国共产党成立100周年写下感言

一代代青年在不同的历史条件下成长起来，他们所面对的问题和老一代的青年包括中国共产党的前辈们所经历的不完全一样，但革命奋斗的目标是不会、不应该改变的，这就是我们现在常说的不忘初心。中国共产党刚刚成立的时候，初心就是要为中国人民谋幸福，要为中华民族谋复兴，确定了当时革命斗争的目标、方向、策略、路线等，一以贯之，现在还在继续坚持。

青年人自身所处的环境在变化，需要不断接受新的时代和革命的召唤，不断成长。但每一代青年人不曾改变的是一种奋斗的精神，每一代人都要面临这种考验。对中国当下的青年，我认为，必须看到他们身上宝贵的优点，他们有能力担当起自己的使命。每一代青年都要在斗争中学习、在斗争中成长，包括老一代的青年也是在斗争中慢慢地学习、接近并得到马克思列宁主义的滋养，最后成长为中国革命的先驱者、领导者。所以，必须看到当下青年的积极方面，要和他们一起成长，通过开展各种各样的教育活动，使他们能够认识到自己的使命，能够体会老一辈革命家的初心。

共青团在创建的时候就确立了初心，就是跟着共产党走，要为中国人民的解放事业奋斗。我为共青团成立 100 周年写过诗：

领军是党团跟进，万里百年浴血红。
大好河山添喜庆，光腾日月记丰功。
情怀家国长青树，志仰春秋不老松。
使命初心传久远，金环星灿铸光荣。

子承父业，钟情外交

1958 年 2 月，父亲兼任外交部部长。他为我国外交事业的开拓、提高我国的国际地位、保卫世界的和平、争取国家发展的良好国际环境殚精竭虑。他在国际舞台上展示出中国人民不畏艰险、顽强进取的英雄风格，作出了自己的贡献。我曾用一首诗表达对父亲外交事业的敬意：

外交博弈事恒艰，多极新潮善斡旋。
敌友分明还转化，中华崛起梦初圆。

我和父亲在工作经历上有一些重合的地方：1990 年 3 月，我在中国人民对外友好协会第五届全国理事会上当选为副会长。自 2000 年 9 月起，任中国人民对外友好协会会长，在友协工作了 24 年直到退休。可以说，我是继承了父亲外交方面的事业，但是从官方外交转到民间外交，用“子承父业”来形容大体上还是贴切的。

1963 年，第一次全国世界语工作座谈会召开。父亲出席会议并发表讲话，建议在北京召开一次国际世界语大会，这对全国世界语爱好者是很大的鼓舞。此时的我还是一名大学生，对世界语知之甚少。我读到毛主席在 1939 年写下的有关世界语的题词：“如果以世界语为形式，而载之以真正国际主义之道、真正革命之道，那么，世界语是可以学的，是应该学的。”依照毛主席当年所讲的精神，加上今天和平与发展的内容，可以说，以世界语为形式，而载之以真正和平之道、真正发展之道，那么世界语是可以学、应该学，甚至是必须学的。

也许是受了父辈的影响，我把推动中国的世界语运动当成一项义不容辞的责任。1986 年，第 71 届国际世界语大会在中国召开。时任北京市副市长的我是大会组委会成员，应邀用世界语致辞。从此，我与世界语结下不解之缘，直到最后担任了中华全国世界语协会会长。

我不是搞外交出身，半路出家搞了民间外交，但我很快就进入角色。中国外交的一个特色就是重视民间外交。“国之交在于民相亲”，民间外交是官方外交不可或缺的助手，依然保持着重要性。

“民间外交就是代表中国人民在世界的舞台上为中国交朋友”，这是我常常挂在嘴边的话。

2006 年，由于日本少数领导人开历史倒车，参拜靖国神社，成为中日关系当中的一个症结。我们通过民间外交的沟通，搭建了一个平台。当时，官方的领导人之间没有什么直接接触，与民间人士接触是很要紧的。事后，我们做了很多工作，向日本方面的人士解释中国的立场。在双方政府和人民的共同努力之下，日本政府改组以后，新当选的日本首相访问了北京。以后的邦交发展之路仍然充满曲折，但双方民间的沟通没有断绝，因此，重回正轨的希望就还存在。我相信两国人民的友好还会有重振的机会和希望。

中国的外交之所以在全世界有巨大的影响力，跟我们所坚持的正义性很有关系。中国并不到国际舞台上去谋取自己的势力范围，也从来不想去干涉别人的内政，或者从别的国家攫取利益。

有人说，中国对非洲的援助是“新殖民主义”，但是非洲人的感受完全不一样。因为非洲人不会忘记老殖民主义者是怎样在他们国家中欺凌、压迫并疯狂争夺利益的。而中国人不一样，我们真诚地为非洲发展着想，追求互利，争取共同发展。

1964 年，我们国家还很穷，就帮助非洲修建坦赞铁路。西欧大国算了一笔账，说这件事太不划算了，他们才不干这种蠢事呢。中国人就是为了支持非洲人民的解放与发展事业，使非洲人民能够生活幸福，而干了这件事。

红色接力，薪火相传

我曾在军事科学院战史研究部从事战史研究，因而有机会看到人民军队在战争时期留下的许多珍贵历史资料，包括历史文件、作战命令、电报等。中国革命的历史脉络在我眼前日渐清晰。我对父辈们披荆斩棘、流血牺牲走过的艰辛革命历程及其伟大意义，也有了越来越深刻的认识和了解。

2018年，陈昊苏和妹妹陈珊珊向军事博物馆捐赠陈毅元帅遗物时留影

我在军科院工作学习、研究军史的过程中，有时会碰到难题和疑问。比如，我看到指挥员指挥作战行动的电报会感到疑惑：为什么当时那样处理作战的问题呢？每当这种时候，我都很想当面向父亲请教。父亲已经去世了许久，我真的感到很遗憾。

多年来，我经常会到国内外父亲曾经去过的地方，探寻他曾经的革命之路。比如建军 90 周年之际，我曾组织革命后代成立过八一征程寻访团。当时我曾写诗：

风云八一红军路，完胜威名日月光。
万里征程拼铁血，千秋勋业仰朝阳。
豪情本色开新宇，壮志忠魂恋故乡。
史页艰难回望处，中华圆梦看辉煌。

作为革命者的后代，应该懂得我们是从哪里出发、怎样走过来的，继续走到什么地方去。中国革命的道路极为艰险而漫长，前辈们不因艰险而屈服，后继者也不会因漫长而停步。我们要不忘初心，继续前进，走向更伟大的胜利、更辉煌的明天。

（供图 / 陈昊苏）

方志敏与妻子缪敏（照片为后期合成）

我的父亲方志敏：
用生命书写“可爱的中国”

受访者｜方梅（方志敏之女） 撰文｜张雅权

方志敏（1899—1935），无产阶级革命家、军事家，农民运动领袖、土地革命战争时期赣东北和闽浙赣革命根据地的创建人。江西弋阳人。

1922年，方志敏加入中国社会主义青年团。1924年3月转为中国共产党党员。

第一次国共合作期间，方志敏任国民党江西省党部执行委员兼农民部部长，江西省农民协会常委兼秘书长等职。1927年3月赴武汉，当选为中华全国农民协会临时执行委员会委员。

大革命失败后，方志敏等人组织领导了弋（阳）横（峰）起义。曾任中共弋横中心县委书记、闽浙赣省委书记，信江、赣东北省和闽浙赣省苏维埃政府主席，第十军代理政治委员等职。先后领导赣东北、闽浙赣革命根据地反“围剿”作战，并配合中央革命根据地反“围剿”作战。

1934年11月，方志敏奉命率红军抗日先遣队北上，任红十军团军政委员会主席。1935年1月，方志敏在江西怀玉山区遭国民党军包围，在玉山陇首村被俘。

面对敌人的严刑和诱降，方志敏正气凛然，坚贞不屈。在极端艰苦的条件下，写下了《可爱的中国》《清贫》《狱中纪实》等著名篇章。

1935年8月6日，方志敏在江西南昌英勇就义。

2009年，方志敏当选“100位为新中国成立作出突出贡献的英雄模范人物”。

方梅，1932年11月出生，方志敏的女儿，江西省弋阳县湖塘村人。1949年9月就读于江西烈士子弟学校，1954年参加工作，1986年退休于江西省航运管理局。著有《方志敏的人生》《方志敏全传》《方志敏和他的亲人们》。现任江西省方志敏研究学会名誉会长、理事。

2021 年，我在中国共产党百年华诞之际，给父亲写了一封信。在信中，我告慰父亲："您笔下'可爱的中国'，我替您看见了，现在的中国，比您想象得还要好！"这是我的肺腑之言，也是每每想到父亲一定会和他说的一句话。

忠于人民，爱党爱国

我的父亲方志敏是中国共产党早期领导人之一，曾创建赣东北苏区，领导组建中国工农红军第十军。在率部北上抗日途中遭国民党部队"围剿"被捕入狱，牺牲时年仅 36 岁。毛主席称赞他是"以身殉志，不亦伟乎"的人民英雄。慷慨就义前，父亲用炽热的情感写下的那篇《可爱的中国》，直到今天还被人们广为传诵。毫无疑问，他的"从崩溃毁灭中，救出中国来"的期望早已变成现实。如今的中国，国富民强、活力无限，是当之无愧的"可爱的

方志敏就义前

中国”！

为了“可爱的中国”，父亲舍小家、为大家。我一出生就与父母分离。1932 年冬天，国民党第四次疯狂“围剿”苏区，我在炮火连天中呱呱坠地。那时，敌人已冲到村庄边，我的母亲缪敏需要紧急转移。匆忙中，她扯断身上的脐带，把这个哭声像小猫一样微弱的女婴，忍痛送给弋阳当地的一户老百姓，这是当时让我活下来的最好办法。

得知我被送走后，一向坚强的父亲忍不住掉下眼泪。他对我这个唯一的女儿格外疼爱，最后一次来看我时，把我抱起来亲了又亲，并嘱咐养母：“革命一定会成功，请你好好将我的梅梅带大，我们全家人都很感激你！”

但是，当母亲担心我在农村可能吃不饱、养不活时，父亲又安慰她道：“我的女儿是严冬的梅花，生命力最强！一定会好好长大，看到可爱的中国！”其实不仅是我，我的 3 个哥哥和 1 个弟弟因为父母行军打仗无法养育孩子，全被寄养在老百姓的家中。

1935 年 1 月 29 日，父亲被捕。同年 8 月 6 日，英勇就义。母亲也因叛徒告密被捕入狱。我一共只见过父亲两次，还都是在他匆忙行军途中。父亲牺牲时我刚 3 岁，而且与他接触的时间太少，所以记忆中并没有他的影子。后来，我是通过照片、父亲写的书以及周围人的讲述，一点点了解他的。

父亲是一个怎样的人呢？

母亲说，父亲不仅写得一手好文章，还会唱歌、跳舞、弹钢琴。在最困难的时期，他就用歌声和舞蹈鼓舞士气。在父亲的带动下，战士们在大山里挖出一个“舞台”，不打仗的时候，他会率先站在

“舞台”上，带领大家一起唱歌跳舞。这些美好的时光，驱散了战士们心中的阴霾和恐惧。

父亲才华横溢，能歌善舞，是母亲眼中最英俊、最可爱的男人。当时，苏维埃政府的妇女干部常常会跟母亲一起等他回来。因为无论父亲再忙再累，都会陪母亲跳一支舞。母亲和朋友一起跳舞时，他就在一旁弹钢琴伴奏。

奶奶告诉我，父亲长得清秀英俊。

养父母也曾多次对我说，父亲文质彬彬，出口成章，站在哪里，哪里就是他的讲台。他一开口说话，大家都会热情地围过来听。

而在乡亲们的传言中，父亲的形象更是高大英勇，无人能比，他骑白马挎双枪，驰骋战场，来去无踪……

无论谁提到父亲，一定会夸赞他舍小家、为大家，爱党爱国，有一颗永远忠于人民忠于党的心。

为什么父亲能成为一位坚定的革命者？

我翻看父亲写的书，一遍遍地读，一次次跟随他的笔回到他的青年时代：当时，外国兵舰在中国内河自由行驶，外国人在中国建起“国中之国”的租界，欺负中国人。

“假使能使中国民族得到解放，那我又何惜于这一条蚁命！”1924年，父亲加入中国共产党，之后创办闽浙赣根据地，把马克思主义普遍真理与赣东北实际相结合，创造了一整套建党、建军和建立红色政权的经验，被毛主席称赞为“方志敏式”的根据地。他把全部心力都用在拯救“可爱的中国”上。甚至在跟我母亲结婚时，两人是这样起誓的：“为了救可爱的中国，为了美好的明天，我俩甘愿赴汤蹈火在所不惜！”

由于国民党政府的不抵抗政策，日军已霸占东三省，并不断蚕食华北地区。身陷囹圄的父亲却不改初心，甚至比以往任何时候都更相信并热爱着祖国。他将祖国比喻为“生育我们的母亲”，既透露出对“垂死的母亲”的忧虑，也表达出团结必胜的信念。在《可爱的中国》一文中，他深情地写道：

……不错，目前的中国，固然是江山破碎，国弊民穷，但谁能断言，中国没有一个光明的前途呢？不，决不会的，我们相信，中国一定有个可赞美的光明前途。中国民族在很早以前，就造起了一座万里长城和开凿了几千里的运河，这就证明中国民族伟大无比的创造力！中国在战斗之中一旦斩去了帝国主义的锁链，肃清自己阵线内的汉奸卖国贼，得到了自由与解放，这种创造力，将会无限的发挥出来。到那时，中国的面貌将会被我们改造一新。所有贫穷和灾荒，混乱和仇杀，饥饿和寒冷，疾病和瘟疫，迷信和愚昧，以及那慢性的杀灭中国民族的鸦片毒物，这些等等都是帝国主义带给我们可憎的赠品，将来也要随着帝国主义的赶走而离去中国了。朋友，我相信，到那时，到处都是活跃的创造，到处都是日新月异的进步，欢歌将代替了悲叹，笑脸将代替了哭脸，富裕将代替了贫穷，康健将代替了疾病，智慧将代替了愚昧，友爱将代替了仇恨，生之快乐将代替了死之忧伤，明媚的花园将代替了暗淡的荒地！这时，我们民族就可以无愧色的立在人类的面前，而生育我们的母亲，也会最美丽地装饰起来，与世界上各位母亲平等的携手了……

正是通过这篇文章，我才明白他当年抛家舍业，将孩子们寄养在乡下老百姓家的真实原因——为了祖国，为了人民。

“我能舍弃一切，但是不能舍弃党。”每当读到父亲的这句话，我就会大哭！在他眼里没有小家，只有国家和党。甚至有很多人讲，方志敏没什么感情，当了闽浙赣省苏维埃政府主席后，也没给父母做过一件新衣服。其实，父亲并非不顾家，他顾的家是大家，没有国家富强，小家就会一直受苦；他并非没有感情，而是感情充沛地爱着祖国这位母亲。

洁白朴素，清廉正直

习近平同志 2010 年 9 月 1 日在中央党校 2010 年秋季学期开学典礼上的讲话中说：“我多次读方志敏烈士在狱中写下的《清贫》。那里面表达了老一辈共产党人的爱和憎，回答了什么是真正的穷和富，什么是人生最大的快乐，什么是革命者的伟大信仰，人到底怎样活着才有价值，每次读都受到启示、受到教育、受到鼓舞。”

父亲所著的《清贫》中有一句话对我的影响很大：“清贫，洁白朴素的生活，正是我们革命者能够战胜许多困难的地方！”我深以为然。

为了革命，父亲拼命工作，以致二十几岁就累得患了肺病，经常吐血；长期的紧张工作又使他患了严重的痔疮，但他“仍然是干而复病，病好复干”。他虽曾担任闽浙赣省苏维埃政府主席、红十军政委等要职，“经手的款项，总在数百万元”，但素以清廉自持，“为革命而筹集的金钱，是一点一滴地用之于革命事业”，从没挪用过公家的分毫。

父亲任闽浙赣省苏维埃政府主席期间，国民党政府把他视为心腹大患，一次次纵火、抢劫他的家，以致后来家人连买盐的钱都没有了。一次，父亲的婶婶向他讨盐钱，父亲却婉言拒绝了，说：“我管的钱不少，几十万几百万也有。不过都是革命的钱，一个铜板也动不得。要是我拿革命的钱来给你们买盐，这穷人的主席，我还当得？”

父亲以清廉著称，生活中，时时处处都主张“洁白朴素”，过清廉的生活。1933 年，母亲不幸被捕。得知她入狱后，大病初愈的父亲躺在床上悲恸不已，旧病复发。之后他用米汤在手帕上写了一封信托人转交给母亲：

贞妹：

自从得知你的不幸消息后，我寝食不安，你在狱中受苦，我在牢外陪着你受苦。你为革命被捕入狱是光荣的，在敌人面前，你要坚强勇敢。我恨不得立即带领部队将那牢笼摧毁，消灭那万恶的敌人，营救你早日恢复自由。

当时，舅舅缪镇东向父亲要 400 大洋保释费。父亲非常想营救母亲，但犹豫很久还是拒绝了：“哪能拿出这么多钱送给贪官污吏呢？苏维埃政府的钱来之不易，要尽量节约，这 400 大洋留下来可以做许多事，还是另想他法吧……”因为母亲当时化名为李祥贞，敌人不知道她的真实身份，后来父亲通过朋友疏通关系将她救了出来。

时隔多年后，我还是忍不住说父亲狠心，但是母亲从未责怪过他，还觉得父亲的这种清廉朴素的品质特别珍贵。

作为党的重要领导干部，父亲却一直过着极度清贫的生活。当年他被捕，敌人搜了半天只搜到一支钢笔和一块旧手表。这么重要的领导人，身上竟没有一样值钱的东西，简直太不可思议了。父亲却对敌人说："你们是不是想问我家里有没有一些财产？财产不能说没有，但是不多。去年暑天我穿的几件旧的汗褂裤，与几双上了底的丝袜，已交给我的妻放在深山坞里保藏。那些就算是我唯一的财产了。"

"朝三暮四，没有气节的人，我是不能做的……我不爱爵位！也不爱金钱。"这是父亲在《清贫》中写的一段话，这句话不仅影响了母亲，也对我们这些子孙后代产生了很大影响。

我觉得，父亲一生所追寻的"清贫"，不是"一贫如洗""家徒四壁""食不果腹""衣不蔽体"的生活状态，而是一种为党的事业、人民群众的利益甘于清苦的精神境界。而这种"清贫"的家风，母亲以身作则，给我们树立了很好的榜样。

生活上，母亲一直坚守父亲清贫的家风，从不向组织要求任何享受，甚至多次婉拒组织上的关照。她省吃俭用，把工资、稿费都捐助给更需要的人。1973 年，母亲将自己辛苦积攒下来的两万元稿费，全部捐献给家乡用于修建圩堤和校舍。

慷慨助人、大公无私的母亲，对我们几个孩子却堪称"苛刻"。新中国成立后，她回到南昌工作。那时我在上饶就读江西烈士子弟学校，平常在学校寄宿，只有周末才回家。身上的衣服是学校发的，学校食堂免费，每个月还给我们发 3 元零花钱。所以我读书期间，从未向妈妈要过钱。后来参加工作，我们的工资都不高，有时候可以用拮据来形容，但母亲从不接济帮助。

对于母亲的做法，我们从来没有怨言。相反，她这种艰苦朴素、勤劳肯干的作风深深影响了我们。就是生活再困难，我也没向她开过口。因为我知道，她的钱有更大的用处。

1972 年，我调到江西省航运管理局工作，得以与在南昌工作的母亲朝夕相处。那时，母亲在江西省卫生厅当副厅长，看起来苍老很多，而且浑身都是病。但她舍不得看病吃药，总说国家还不是很富裕，自己还能咬牙支撑。母亲真是我所见过的人中最朴素的一个，她总是说：“等什么时候，老百姓都能看得起病了，我再去看自己的病。”

就这样，母亲一辈子从没有在自己身上“浪费”过一次治病机会。1977 年 7 月，她突发脑出血病逝，享年 68 岁。她走得太早了，如果早去医院治疗，不那么省吃俭用地接济别人，或许还能多活几年。但我也知道，和父亲一样洁白朴素、清廉正直的母亲，即便在生死攸关之际，也会选择把生的机会留给别人。

受父母的影响，我们兄妹几个以及子孙后代，生活一直简单朴素。我基本没什么物欲，吃饱穿暖即可。两只铁桶摞起来，在上面铺一块方巾就是我的“电话桌”。我有风湿病，很怕冷，所以床上除了棉被外，还有一床我用旧毛衣拼接起来的“被子”，不好看但是很暖和。我一日三餐也吃得非常简单，因为粗茶淡饭养胃又养心。

母亲的清廉正直、对祖国和党的爱与忠诚、爱看书、写文章的习惯、能歌善舞……这些都像极了父亲。对我来说，她不仅给予了我母爱，也让我感受到了父爱。

读书明志，文化修身

父亲认为，农民不读书没有出路，所以在根据地创办了很多义务小学和贫民学校。母亲知书达理，是那个时代少有的知识分子。新中国成立后，她先后担任上饶地委组织部长兼妇委书记、江西省卫生厅副厅长等职。她还是一位作家，著有回忆录《方志敏战斗的一生》《回忆方志敏同志》《红十一军第一次进军闽北散记》以及小说《红色风暴》等。新中国成立后，母亲把自己的稿费捐出来建学校，让适龄儿童可以接受义务教育。

然而，父母如此重视读书和教育，我却曾经是一个文盲。

方梅与奶奶、姥姥以及母亲合影

梅花香自苦寒来，我这辈子最苦的时候是在童年。那时，我被寄养在乡下，一年只有一双鞋子。冬天的时候没袜子穿，烂得不能再烂的鞋子完全不能御寒，晚上常常冻得睡不着。四五岁时，我就跟着大人们去田里捡螺蛳，去地里割别人剩下的稻穗。养父母家里很穷，每天只有中午一顿饭。我小时候不懂事，吃了一碗饭想再盛一碗，养母拦下来，说：“吃那么多干吗？晚上还要吃的啊。”到了晚上才知道没有饭吃，顶多只有一碗笋干汤。一年中，只有过年那两天，我才能吃上一顿饱饭。

养父母家附近有一户地主，他们家后山有一片茶园。每到四五月份，乡亲们都争先恐后地想去帮地主家采茶，因为这样就能吃一顿饱饭，甚至还能吃上肉。地主家的儿子和我父亲是同学，而且很欣赏他。得知我是他女儿后，经常叫我去他家采茶。采茶很辛苦，但我特别卖力，干得也很开心，因为地主家的饭管够，饭里还有一大片肥肉。

因为小时候干过太多农活儿，冬天又经常挨冻，我患上了严重的风湿病。

1949 年 8 月，全国解放在即，母亲回到江西乡下找到了我。当时，我已经是个 18 岁的大姑娘了。母亲欣慰我还活着，但也心疼过去 18 年，我一直在农村干活儿，从未踏进过学校半步。

母女重逢后，来不及诉说相思，母亲就把我送到江西烈士子弟学校就读。可从小在农村长大的我，对读书没有一点儿兴趣，人在学校，心却想着乡下的家人、田里的农活儿，去学校没几天，就偷偷逃回乡下。母亲发现后把我“抓”回去，可没过几天我又跑了，母亲只得一次又一次把我抓回去……

最后一次，母亲实在是气坏了，找到我后当着乡亲们的面，苦口婆心地劝我回学校读书。还记得当时，她声泪俱下地对我说："梅啊，如果没有把你培养成有文化的革命接班人，就是没有完成你父亲的遗愿，就是对不起你父亲！"周围的乡亲们随声附和，纷纷劝我回学校读书。

那一刻，我想到父亲，也终于理解了母亲的良苦用心。从那以后，我没再逃过学，下定决心好好读书，认真学文化。那时，小学要读 8 年，可是我年纪太大，时间对我来说太宝贵了。我一心想做革命的接班人，所以抓紧每分每秒学习。

因为我是方志敏的女儿，学校的老师都很喜欢我，经常抽时间给我补课。晚上，我舍不得睡觉，躺在床上一遍遍地用手比画着写字。课余或节假日，同学们都出去玩儿了，我一个人留在宿舍里学习。

21 岁那年，我已经认识很多字了。一天，母亲把父亲的遗作《可爱的中国》郑重地送给我。翻开书，她在扉页上写道："梅儿，这本书是你爸爸在狱中用血泪写出来的遗言，你要反复地精读，努力地学习，用实际行动来继承你爸未竟的事业！"这是我学习文化后读的第一本书，也是从这一天起，我开始真正了解我的父亲，从内心深处觉得，尽管父亲早已不在人世，但那份深沉的父爱会一直守候在我的身边。

尽管里面有不少字我都不认识，但什么叫"祖国"，什么是对祖国深深的热爱，我很快就明白了。祖国，就是生养了我们、千千万万烈士用生命去保护的母亲！父亲把中国比作母亲，他最爱的就是祖国母亲。在他那个年代，爱国就是要救国，没有文化怎么救国？所以他才大力提倡发展教育，兴建学校。

我也找到自己一生追寻的梦想，那就是像父亲一样，无论条件如何艰苦，都要努力读书学习文化，因为只有这样，我才能读懂父亲的书，才会更深刻地理解父亲的思想，并努力成为他所希望的“寒梅”；我才能为父亲笔下“可爱的中国”贡献一份力量，像他一样爱国爱人民，一生都忠于党！

1958 年，我被分配到瑞金大学图书馆工作。其实，当时我还想继续读书，但无奈年纪已经不小了。一开始，我不愿意去图书馆，方志纯叔叔说：“你要读书，就应该去图书馆工作，因为图书馆有很多书。”叔叔是父亲的堂弟，1924 年加入中国共产党，曾担任中央卫戍司令部参谋长、江西省委书记、省长等职务。我知道叔叔是一个有远见的人，最后听从了他的建议。

能去图书馆工作，真是我这一生最好的机遇。因为在那里，我有了更多学习文化知识的机会，也因此对父亲有了更全面的认识。

阅览室要放什么书都由我决定。连环画、杂志、图书，也都由我负责买。我边买边看，夜以继日地读书，如饥似渴。在战争年代，我的父母都能抽时间读书、写文章，我生活在和平年代，周围还有看不完的书，一定要珍惜这个机会。每看完一本书，我都会写点儿心得感受，也是从那时起养成了每天写日记的习惯。

最开始那段时间，图书馆只有我一个人，我就不分白天黑夜地看书、写日记。我把自己想跟父亲说的话都一一写进日记里。我写下为什么从一开始不愿读书到后来喜欢读书，写下每一次看《可爱的中国》的感受。很多时候，我通宵读书、写作，但一点儿都不觉得累。因为比起当年在狱中戴着脚镣写文章的父亲，我太幸福了。

可爱的中国为什么穷？因为很多子孙后代没作为，不学文化，保护不了祖国母亲。在读书、写日记的过程中，我一次次想到母亲。如果母亲当年没去乡下找我，并且想方设法地送我去学校读书，那我将一辈子待在农村，不可能读书，不会有文化，甚至很可能在饥寒交迫中早早地离开人世。所以，即使母亲对我要求严格，我也没有丝毫抱怨，对她只有满心感激。

不怕牺牲，英勇斗争

“不怕牺牲、英勇斗争”是伟大建党精神的内在要求，是践行党的初心使命必须具备的精神和气概。我父亲的一生，无时无刻不体现出这八个大字。尤其是在狱中那半年时间，他戴着脚镣，疾病缠身，无时无刻不被敌人监视，死亡的威胁无时不在。但他将生死置之度外：“何时枪毙，明天或者后天，上午或者下午，全不知道，也不必去管。”

我们兄妹五人分别取名为“松、柏、竹、梅、兰”，源于父亲最爱的一副对联：“心有三爱，奇书骏马佳山水；园栽四物，青松翠竹白梅兰。”在生死关头，父亲泰然自若、从容不迫，为“可爱的中国”谋篇布局，将他的梦想变成文字。他的身上具备了松、柏、竹、梅、兰的所有性格，是这个世界上最好的爸爸，也是我一生中最好的导师。

冰玉精神绝点埃，人间无物似寒梅。
凌霜傲雪浑闲事，最是欺春不逐来。

这首宋朝诗人吴芾的《寒梅》诗，我特别喜欢。而父亲给我取名为“梅”，也是希望我能如寒梅不畏严寒，在冰雪中尽情绽放，迎春又斗春。我经常告诫自己，不要辜负父亲的期望。

曾经，我也觉得自己很苦，比很多同龄人都苦。但随着年龄渐长，尤其是慢慢了解父亲的事迹和精神后，我觉得自己是世上最幸福的人。作为方志敏的女儿，我要做的还有很多，还应克服更多困难，这样才能在冬天绽放出最美的色彩。

在母亲以及老战友的讲述中，我听到更多父亲具体的事情，他的形象变得完整、清晰。我渐渐明白，只要心中有爱、有信仰，何愁下笔无墨？我是方志敏的女儿，应该像父亲一样，坚持用笔写下对祖国的深情与热爱。父亲把一生献给革命事业，用笔书写祖国母亲，我应该像他那样，把“写父亲”当成人生目标。我要给父亲写一本书，展现他短暂而壮烈的一生。

父亲曾在狱中写下《我从事革命斗争的略述》，我想写出“详述”。我没什么文化，但会写故事。父亲当初去过哪里？为什么要这么做？我离开瑞金大学图书馆到江西省航运管理局工作后，决定重走父亲当年走过的革命路。因为这是最接近父亲的一种方式，也是我作为方志敏的女儿、一名共产党员的责任。

我利用出差或者节假日，去父亲去过的地方。头几年，基本都是一个人。那时我很年轻，身体也不错，什么都不怕，哪里都敢去。每一次出行都是自费，从没向政府要过一分钱，也多次婉拒地方政府的接待。

我经常去田间地头采访，趁乡亲们休息喝茶时开个简单的会。

每次说到方志敏，老老少少都特别有劲儿，激动地跟我说他们眼中的父亲。那时，我只有一个本子、一支笔，既没有相机也没有录音笔。上午采访到的故事，都是晚上熬夜写出来。

我为什么能坚持下来？因为父亲当年在监狱里戴着脚镣，用从墙上撕下来的纸写了 13 万字文章。他吃的苦、受的罪是常人无法想象的。现在，我有吃有穿，又没有战争，只是下乡采访，跟着老百姓同吃同住，熬夜写文章这点儿苦又算什么呢？

为了写父亲的传记，我去过很多地方。印象最深的是去闽浙赣革命根据地领导机关所在地——江西省上饶市横峰县葛源镇。许多老红军一听说我要来，早早地等在路边。他们有的在战争中被锯掉一条腿，需要借助拐杖才能走路；有的已经完全无法行走，需要后人背着、搀着才能过来。这些老人见了我，无不放声大哭："能见到方志敏的后人，这辈子值了，死也瞑目了！"他们把对我父亲的感情都寄托在我身上，争先恐后地跟我讲述父亲当年的故事。

我感动得不得了，一边采访一边流泪。乡下简陋的大院里，我坐在父亲当年的战友们中间，周围是里三层外三层的乡亲。我白天在外采访，晚上回去整理笔记，有时发现某个问题没有搞清楚，又连夜跑去敲人家的门。

就这样，我走访了父亲到过的每一处地方，采访了 1000 多人，记了 20 多本采访笔记。

从 1995 年开始，我就一头钻进写作中。那时我已经年过六旬，但认识我的人都说我比二三十岁的年轻人还能吃苦。因为从那时起，我养成凌晨 3 点起床写作的习惯。凌晨最安静，我能全心投入到写作中。写作期间，我患上严重的眩晕症，病情发作时，躺在床上动都不能动，根本没法起床。医生建议我住院治疗，我特别难过，忍不住大哭，生怕完不成为父亲写传记的愿望。为了早日康复，我硬撑着离开病床，一手扶墙一手拄着拐杖到室外锻炼，跌倒了就爬起来，爬起来再走，凭借坚强的意志，我竟然靠锻炼把这个病治好了。

多年来，方梅一直在重走父亲当年走过的路

每当清晨我展纸写稿，仿佛看见父亲就站在我面前，微笑着鼓励我坚持工作，也希望我能幸福生活。有一次，我写到父亲被敌人杀害前斩钉截铁地说“我能舍弃一切，但是不能舍弃党，舍弃阶级，舍弃革命事业”，忍不住丢开稿纸，趴在桌上放声大哭……

因为我没日没夜地写作，写了几百万字，原本患有风湿的双手严重变形。现在，我的每根手指都是从第二节关节处开始打弯，根本无法伸直。只要一变天，关节就会疼痛难忍，但这些苦与父母当年受的苦相比，算得了什么？我总是想办法克服身体上的疼痛。在读书、写文章，尤其是重走父亲当年革命路时，觉得身体上的疼痛是可以忍受的。人只要有信仰和精神，将永远如寒梅傲雪，永远不会凋谢。

历时 10 年、13 次易稿，一部 40 余万字的传奇文学传记《方志敏全传》终于由解放军出版社出版了。尽管那时我已年过七旬，双手严重变形，但仍然一鼓作气，接着完成了《方志敏和他的亲人们》的书稿写作。常常有人问我苦不苦、累不累，我都毫不犹豫地回答："一点儿都不苦！"

因为，我要替父亲去看看"可爱的中国"，要通过写作这种方式，告诉他祖国一天天的巨变。国家的发展、家乡的变化，一桩桩、一件件，我都要"讲"给父亲听。

践行初心，担当使命

母亲一生都以父亲为榜样，和他一样爱着党、爱着祖国和这片土地上的人们。她比父亲小 10 岁，跟着他一起吃了很多苦，在婚后 8 年里两度入狱，但一直表现得很坚强。她的三句话里，不是方志敏就是共产党。直到去世前，母亲还告诉我："记住：没有先烈，就没有我们的今天。"

母亲在世时，我们家里常来一些苏区的老同志、老乡亲，无论贫富，母亲都热情接待，与他们一起回忆父亲，讲述过去的事。每当那时，我都静静地坐在一旁。时隔那么久，大家还愿意谈父亲，还念着他的好。从母亲的笑容和闪闪发光的眼睛里，我看到她对父亲的爱，看到她用一生坚定地追随父亲从不曾动摇。我也从母亲身上，看到了父亲的影子以及他对我们的期许和爱。

母亲去世后，赣东北苏区的老同志还是常来南昌，我接过母亲的担子，延续着与父亲革命战友、家乡人民的血肉联系。

作为烈士后代，我认为自己有义务把红色基因传递下去。现在，我已经 90 岁了，但只要身体允许，都会去学校给孩子们讲父亲和

“可爱的中国”，也经常给年轻党员讲党史党风。我喜欢做这样的事情，不仅因为我是方志敏、缪敏的女儿，更因为我是一名共产党员。

常常有人问我，自己最像父亲的地方是什么？我可以很骄傲地说：“我最像父亲的地方，就是爱学习、爱党、爱国。”到现在，我仍然坚持天天写日记，只要身体允许，我都会去锻炼；只要有人需要，我也会走出去，给更多人尤其是孩子们讲述父亲以及“可爱的中国”。

就像习近平总书记说的，幸福都是奋斗出来的。你不奋斗，坐着哪里有？每个人都要把自己的工作做好，而我一辈子的工作，就是去讲述“可爱的中国”，这是我作为方志敏女儿的责任和荣光。

父亲在南昌牺牲，2020年，南昌消灭了所有的贫困村。2017年，父亲等当年开创的闽浙赣苏区政府所在地横峰县，也在全县干部群众一起努力下脱贫摘帽了。村村通公路，家家住好房，自来水通到家，每个人都精神抖擞……如此可爱的中国，正如父亲当年期望的那样，不，比父亲想象的还要好，还要可爱！

方志敏梦想中的“可爱的中国”，女儿方梅替他看到了

假如我还能生存，那我生存一天就要为中国呼喊一天；假如我不能生存——死了，我流血的地方，或者我瘗骨的地方，或许会长出一朵可爱的花来，这朵花你们就看作是我的精诚的寄托吧……

这是1935年，我的父亲从容走上南昌市下沙窝刑场前，留下的爱国篇章《可爱的中国》中的句子。如今，他当年的梦想已经成真，在他和无数先烈抛头颅、洒热血的地方，开出了无数朵绚丽又可爱的花。而我，愿意做无数花朵中，不起眼却也能傲雪斗春的那一株寒梅！

如今，在父亲牺牲的地方，人们已经过上了他曾经为之努力奋斗的幸福生活，“可爱的中国”正展现着“可赞美的光明前途”！我最想对父亲说的一句话就是：“我们的祖国，很可爱！这盛世中国，如您所愿。”

（供图 / 方梅）

黄克诚夫妇与孩子们在一起

我的父亲黄克诚：

是开国大将，也是坚忍的老农

受访者 | **黄楠**（黄克诚之女） 撰文 | **田晓华**

黄克诚（1902—1986），无产阶级革命家、军事家，中国人民解放军高级将领。湖南永兴人。1925年加入中国共产党。1926年年初入广州政治讲习班。参加北伐战争。1928年年初湘南起义时参与领导永兴起义。1930年后任中国工农红军团、师政治委员，军政治部主任，红三军团政治部代主任，到陕北后任军委卫生部部长，红一方面军政治部、红军总政治部组织部部长等职。参加中央革命根据地历次反“围剿”作战和长征。

抗日战争全面爆发后，任八路军第一一五师三四四旅副旅长。1940年春任八路军第二纵队政治委员，冀鲁豫军区司令员兼政治委员和军政委员会书记，领导创建冀鲁豫根据地。1941年后任新四军第三师师长兼政治委员，苏北区党委书记、苏北军区司令员兼政治委员。

抗日战争胜利后，历任西满军区司令员、中共中央西满分局代理书记，东北民主联军副司令员兼后勤司令员、政治委员，中共冀察热辽分局书记兼军区政治委员，东北野战军第二兵团政治委员等职。

新中国成立后，曾任人民解放军副总参谋长兼总后勤部部长、政治委员，中共中央军委秘书长，国防部副部长，人民解放军总参谋长等职。1955年被授予大将军衔和一级八一勋章、一级独立自由勋章、一级解放勋章。

是中共第七、八、十一届中央委员，第八届中央书记处书记，第一届全国人大常委会委员，第五届全国政协常委，第一、二届国防委员会委员。1977 年起任中共中央军委顾问。1978 年当选中央纪律检查委员会常务书记，1982 年当选中纪委第二书记。为国防和军队现代化、正规化建设，为重建和健全党的纪律检查工作，作出重要贡献。

黄楠，1943 年出生，中科院研究员，黄克诚长女。毕业于北京大学物理系，曾参与北京正负电子对撞机(BEPC 和 BEPC Ⅱ)、上海同步辐射装置（SSRC）预置研究等重大科学工程的设计建造。

作为一名共产党员，我一直秉承林则徐先生的名言“苟利国家生死以，岂因祸福避趋之”。这句话的意思是：只要对国家有利，即使牺牲自己生命也心甘情愿，绝不会因为个人可能受到祸害而躲开。

可以说，如果没有这种精神，中国不可能走过之前所遇到的各种苦难挫折，也不可能走过未来可能遇到的困难和挫折。时代在变迁，但现阶段我们还要继续努力，这是我们共产党人的责任和义务，也是作为共产党人的父亲告诉我的人生道理！

勤学不辍，书香传家

我的父亲黄克诚出生在贫苦的农民家庭，但自小酷爱读书。后来在亲戚的接济下，读了 9 年私塾。18 岁那年，他进入县立高等小学；20 岁时，考入衡阳湖南省立第三师范学校。在那么艰苦的条件下，他不仅靠刻苦努力学习了文化知识，还学习了马克思主义，这为他后来的革命道路打下了坚实基础。

我的母亲唐棣华是一位大家闺秀，也是那个时代少有的大学生。她以优异成绩考上了山东大学（原青岛大学）化学系。

我的父母都很好学，在我的记忆中，只要有空就会读书，而且特别重视孩子读书，家里的学习气氛一直很浓。所以，常常有人说我家不像军队干部家庭，反倒像个知识分子家庭。

父母一共育有两男两女。按年龄从大到小排列分别是我、大弟黄煦、小弟黄晴和妹妹黄梅。我们的名字都是父亲取的，蕴含他的爱与期待。“煦”和“晴”都代表太阳，他希望两个儿子的性格能阳光开朗，给更多人带去温暖和光明。“楠”和“梅”都是植物，楠木贵重且实用，可以做家具、造船；梅则象征坚韧高洁，他期待女儿性格坚韧又腹有诗书。

我是长女，1943 年在苏北出生。新中国成立之后才上学，毕业于北京大学物理系，在中国科学院高能物理研究所工作，直至退休。

大弟黄煦于 1944 年出生，1964 年考入清华大学，毕业后当了工程师，是北京大学一个计算机研究中心的教授。

小弟黄晴于 1948 年出生，就读于北京大学新闻系，毕业后在人民日报社工作，曾任国际部主任。他是一位不折不扣的新闻人，20 世纪 80 年代曾被派驻到日本工作，90 年代曾到德国和美国从事记者工作。

妹妹黄梅于 1950 年出生。因为 18 岁时下乡当知青，她没能像哥哥姐姐那样顺利考上名牌大学。但她从没有放弃学习，23 岁考入山西大学外语系，28 岁考上中国社科院英美文学系硕士研究生，赴美国攻读博士。后来，妹妹回国从事文学工作。

我们兄妹四人没有一个子承父业，这在开国将帅子女们中显得有些与众不同。将帅们的子女大部分参军了，不少还因立功被授衔。我们没有子承父业有几个方面的原因：

首先，我们四个遗传了父母的近视，都是 1000 多度的高度近视，不适合当兵；

其次，父亲从不要求我们必须进部队、考军校，甚至并不关心我们今后有多大的出息和能耐。他更看重的是我们能否按自己的兴趣发展，将来能否为国家做有益的事；

最后，因为父母都酷爱读书，我们家最多的东西就是书。我们几个耳濡目染，无一例外都爱读书。所以比起参军，我们更喜欢读书、做研究。

我们家里的书很多：马克思、列宁、斯大林的著作全集，《诸子百家》《二十四史》是标配。母亲后来在文学所、近代所和历史所都工作过，所以家里有丰富的中外文学作品。妹妹黄梅深受影响并喜欢上外国文学，后来获得社科院英美文学硕士并去美国攻读博士学位。

一到周末、节假日，家里的每个人各自捧着一本书看得津津有味。父亲从不要求我们看什么书，不能看什么书，完全由我们自己选择。我小时最喜欢看的书是《三国志》《唐诗宋词》和一些西方军事著作。

常常有人问我，父亲是不是特别严厉？不然怎会四个孩子个个品学兼优，都考上名牌大学？实际上，父亲工作繁忙，根本没时间管孩子。母亲管得相对多一点儿。我很小就开始住校，弟弟妹妹更是读小学就开始住宿，父母不怎么管我们，学习全靠自觉。但父母是孩子的一面镜子，他们的言传身教对我们产生了深远的影响。

偶有闲暇，父亲会针对每个孩子的弱项布置相应的作业，而且还会检查作业。记得大弟黄煦小时候作文不太好，父亲就经常给他布置写作文。有一年冬天下大雪，父亲让他写雪景。大弟看着窗外的大雪，在作文本上写道："大白团团，累累地挂在树上。"看到他的"作文"，我们全都笑了，就连平时不苟言笑的父亲也笑得很开心。

“好好学习，才能好好建设祖国”，这是父亲经常挂在嘴边的一句话。在他心里，没有什么事情比孩子上学更重要。我记得小时候，老家的孩子凡是上学有困难，父亲都会毫不犹豫地寄钱给他们。

父亲从不说什么大道理，就是用行动告诉我们该做什么，该怎么做。我为自己是黄克诚的女儿而骄傲，但我骄傲的不是他的身份，而是他把重学习、爱读书的习惯传给我，让我受益终身。

父慈子孝，团结友爱

1945 年，父亲带部队到东北，把两岁多的我和不到一岁的弟弟送到武汉姥姥家，直到 1949 年，我们才和父母团聚。

在武汉，我上的是教会幼儿园。每天早上，我都会买一张荷叶饼当早餐。一天，我走到幼儿园门口还没吃完，发现有个年纪和我差不多大的小男孩，眼巴巴地盯着我，就把剩下的半张荷叶饼给他了。

儿时的黄楠和父亲黄克诚

从那之后，几乎每天早上，小男孩都在幼儿园门口等着我，我也每天都把手里没吃完的荷叶饼递给他。一次，我给他饼时被嬷嬷发现了，她勃然大怒，狠狠地打他的头。小男孩哇哇大哭，我被吓坏了。也是因为这件事我才第一次知道，在这所教会幼儿园里，除了我们这些花钱进去的孩子，还有孤儿。孤儿不仅每天要干活儿，还总是饿肚子，不然，这个小男孩也不会冒着被嬷嬷打的风险，每天早上风雨无阻地等着吃我剩下的荷叶饼。

虽然我当时很小，也觉得这些孩子好可怜，所以即使自己能吃完一张荷叶饼，还是会留一点儿给他。时隔70多年，关于幼儿园的大部分记忆已经没有了，唯有嬷嬷打小男孩的情形，依然深深地印在我的脑海里。后来，我跟父亲提到这件事，他长久没有作声，之后说我做得很对，希望那个小男孩能健康长大。

1949年，我和弟弟从武汉回到长沙。时隔5年重见父母，彼此都觉得特别陌生。父亲高兴地抱着我使劲儿亲，还用胡子扎我的脸，这是他的父爱表达方式。无论他有没有胡子，我都觉得被扎得很疼，所以只要他抱我、亲我，我就很害怕。后来想想，当时我不愿被他抱和亲，父亲一定很失落吧。

父亲真的不太会哄孩子，用得最多的就两招：一是用胡子扎我们的脸，二是给块糖吃，然后就让孩子们各自去玩儿了。他不管我们跟谁玩儿，玩儿什么游戏，也不会因为我们玩儿得一脸泥或弄脏衣服而生气。

虽然好不容易团聚了，父亲和我们在一起的时间也是少之又少。那时，他任湖南省委书记、湖南军区司令员兼政治委员，领导新中国成立初期湖南境内的剿匪作战、镇压反革命、土地改革、恢复和发展生产等各项工作，日理万机，回到家也忙着工作。我回到长沙不久后，就去上寄宿学校了，周末才回家。一回家，就忙着和院里的小孩疯玩儿，没怎么跟父亲接触。

1952年11月，父亲调任人民解放军副总参谋长兼总后勤部部长、政治委员，主持建立全军后勤工作的正规制度。我们也跟着他来到北京，我和大弟黄煦上寄宿学校。记得回北京不久，父亲带着我和黄煦去颐和园玩儿时，我们姐弟俩居然走丢了，把父亲吓得够呛。

还有一次，父亲去北戴河开会，我们也跟着去了。他开会时，警卫员带我们去海边玩儿。我个头小，一个浪打过来就把我拍进水里了。我很紧张，在水里瞎扑腾，警卫员一把将我抓回来，我呛了一嘴水。父亲知道这件事很后怕，神情紧张。

1959 年，在中共中央政治局扩大会议（庐山会议）上，因对“大跃进”“人民公社”运动中的“左”倾错误直言批评，父亲和彭德怀等人一起被定为“反党集团”，受到长期审查并被撤销一切职务。我们几个孩子因此有了 6 年时间，得以接近和了解他。

父亲不用再早出晚归地上班，天天都在家里看书、读报、写字。每天放学后，我就会钻进他书房旁边的小屋里写作业。记得那时我的字写得不够好，有几次，班上要做手抄报，我找父亲帮忙。他从不拒绝，但是会一边帮我写，一边笑话我：“这个字你都写不出来啊，居然还要老夫代笔？”时隔多年想起当时的情形，我就深深地觉得父亲是很爱我们的，只是不善于表达。

在我的记忆中，虽然儿时和父亲亲近的片段不多，但家里一直是平和而温暖的。无论什么时候，我们家的氛围都很好。弟弟和妹妹的朋友也喜欢来我们家里玩儿，因为家里的书多，父母都没有长辈的架子和威风。这个家，是我们一直惦念并愿意回的，也对它有很深的眷恋和责任感。

我是家中长女，觉得自己理所应当要照顾弟弟和妹妹。从北大毕业后，我曾去甘肃白银工作过两年。曾有人问我为何选择去甘肃那么艰苦的地方，其实这是我自己的选择，父亲也非常尊重我。当时，甘肃白银被列为“十一类地区”，意思是条件很艰苦，但那里的工资比北京要高一些，而且大学生干体力活儿还有一定补贴，多少可以帮帮家里。

当时，小弟和妹妹在山西插队。那里的冬天特别冷，我就攒钱买了胎羊皮，做成羊皮袄寄给他们。他俩干的是体力活儿，又正是长身体的时候，发的粮票根本不够吃，我就省吃俭用留一些粮票给他们。

其实，我在白银干的也是体力活儿，要用大铁夹子夹十几斤重烧红的大铁球。我个头不高，力气也小，这个活儿根本干不动。但一起工作的工人特别照顾我，总是让我夹小一点儿的铁球，直到现在我都特别感谢他们。在那个时代，大学生和普通工人、农民没有任何区别，没有人关心你来自哪里，是谁的孩子。工作再苦再累，我也从不跟家人诉苦，一是因为人家都这么照顾我了，二是我知道父亲不会利用他的身份照顾我。

父亲去世后，我和母亲一起生活多年。我的性格像父亲，长相随母亲，年纪越大越像她。母亲晚年时，我一直陪在她身边。“有妈才有家”这句话没错。每次我们回家，离开时都会一起给母亲唱李双江的那首《再见吧妈妈》：“再见吧妈妈，再见吧妈妈，军号已吹响，钢枪已擦亮，行装已背好，部队要出发，你不要悄悄地流泪，你不要把儿牵挂……”每次想起那个场景，还是会觉得很温暖。

2000 年，母亲安详地离开了人世。

严于律己，宽以待人

父亲对我们的学习管得不多，也不太在意我们的学习成绩，但非常关注我们的品德修养。妹妹黄梅读小学时，可能因为在课堂上说话，在“操行”方面被老师批了“中”。父亲知道后，便把她转到品行要求更严格的部队小学，希望她能严守纪律。他不喜欢对孩子讲大道理，但如果我们有做得不对的地方，会马上指出来。

1949 年，父亲赴湖南任省委书记时，将母亲和我们几个叫到身边，宣布了三条家规：“第一，国家安排我回老家工作是让我服务老百姓的，任何时候，家人都不准打着我的旗号作威作福；第二，我的公车是国家配发的，不能也不允许公车私用；第三，如果谁以我的名义向你们提出特殊照顾，必须严肃拒绝，不准找工作人员为自己办事。”

父亲制定的家规让我们知道：军队的东西不能碰。对于第二条家规，我的感受尤其深刻：母亲每天上下班都是坐公交车，我们上学也是坐公交车。生病去医院，也是自己叫人力车。

1980 年，小弟黄晴要结婚了，一家老小都沉浸在欢乐幸福的气氛中。但是，家里没有大摆酒席的准备，没有高级贵重的家具，没有张灯结彩的精心布置，似乎少了几分热闹。一名工作人员悄悄向父亲“请示”：“能不能用小车把新娘子接来？”父亲一口拒绝，说：“年纪轻轻的，坐公共汽车、骑自行车都可以来嘛。”有工作人员告诉他，现在结婚都时兴用小车接新娘，而且是一长溜小车。父亲还是摇头。最后，我和两个弟弟、妹妹组成了一个自行车队，把弟媳接了过来。一家人和工作人员一起吃了顿饭，这婚就算结了。

黄克诚戎装照

父亲非常喜欢我大弟的儿子黄健，可就连这个宝贝孙子也没有一次坐他的车上学，更别说坐爷爷的车出去玩儿了。记得有一天早上，倾盆大雨下得满街成河，侄儿黄健因为感冒起来晚了，父亲的司机就建议开车送他上学。父亲还没说话，母亲马上出面制止，说："不能让后代人破了我们的家规。"最后，生病的侄儿是自己坐公交车去上的学。

"你们要靠自己努力奋斗成才，不要靠什么关系、后门，我黄克诚是没有后门可走的。"这是父亲经常对我们说的一句话。他还说，在这方面，我们都要向大伯学习。

大伯生活在农村，大字不识一个，但从来没让父亲帮忙安排工作。当年，父亲在湖南任职时，曾问大伯要不要出来工作。他毫不犹豫地说："我不去城里，要替你守住这个家。"多少人希望能找我父亲谋个一官半职，但他的同胞兄长却从没想过让弟弟帮忙。父亲贤达时，他不阿谀奉承，不提任何要求；父亲落魄时，他又无条件地接纳。1959 年，庐山会议后父亲被免职，大伯千里迢迢来到北京看他，第一句话就是："还有饭吃吗？没饭吃的话，跟我回家吧！"

大伯一直生活在湖南农村，用心地守着家。父亲告诉我们，他当年参加革命时，爷爷奶奶不是很同意，但大伯特别支持，给他送信、送饭，还帮忙掩护。大伯虽然没读过书，但从小就爱听故事、听书。所以，我觉得有没有文化，与是否读过书没有必然联系。而家庭对一个人的影响，真的非常深远。

大伯、叔叔、母亲和我们四个子女，从没以父亲的名义寻求特殊照顾，因为我们都知道父亲不会为我们开后门。请求帮忙找工作、寻个一官半职的，其实都是远房亲戚，父亲一律严词拒绝。但他会出资让他们的孩子上学、读书，鼓励孩子们努力学习，成为国家栋梁之材。

从 20 世纪 50 年代实行薪金制起，父亲每月都会从工资里拿出 100 元，用于资助几位在大革命中牺牲的烈士家属。除了在免职期间被停发工资以外，始终没有间断过资助。我也学习了父亲为人处世的方式：老家有亲戚的孩子上不起学，我都会资助，但如果要“走后门”安排工作或特殊照顾，会像父亲一样果断拒绝。

父亲对家人要求严格，对自己更是到了严苛的程度。1986 年年底，父亲在最后的日子里，固执地拒绝治疗，任凭医护人员怎么劝说，都不为所动。他坚定地认为自己的病已经没有好转的可能，既然身体状况已经不允许他为党工作了，也就没有必要“浪费国家钱财”。医生们只好含泪让战士按住他的手臂注射、输液，可他一旦清醒又把管子和针头拔掉。

勤俭持家，克己奉公

父亲非常节俭，善于精打细算，在党内、军内都非常有名。那时候，大家都穿翻领衣服，他非但不做翻领，还去掉帽檐，把四个兜减至两个，因为这样就能节省10%的布。父亲外出视察、调研，从来都是轻车简从，只带一两名工作人员。他不允许下面高标准接待，时常嘱咐随行人员要按规定交纳食宿费。

当时，有一些老同志开玩笑地问我："是不是你爸不给你们吃饱啊，怎么你们家的孩子一个个瘦到'皮包骨头'？"确实，我们姐弟四人都很瘦，但是身体很健康。我家吃饭从来都很简单，一般是一荤一素一汤再加一碟小菜。只有家里来了客人，才会加两个菜。这种用餐习惯，成了我至今在守的老规矩。我结婚后也吃得特别简单，口味清淡，种类不多，分量也不大，基本能做到光盘。我很少出去吃饭；如果出去吃，无论跟谁一起，都会把吃剩的饭菜打包回家，哪怕是青菜。

困难时期，国家给每家每户发布票、粮票，数量是按人口计算的，不会因为你的职位而有所不同，所以我家和其他家庭没什么两样。所谓"优待"，也是后来物资稍微丰裕时才有的。还记得那些年没有肉吃，战士们去草原打了野黄羊分给中央领导，一头羊分成好几部分，我家偶尔会分到一只羊腿。对我们来说，这是无比宝贵的东西。父母总是舍不得吃，一直等我们周末回家后再炖。羊肉上桌，大人让给孩子，大孩子让给小孩子，分量本来不多，但因为互相谦让，到最后还会有剩余。

我后来跟人提到这些事，对方都觉得不可思议。这有什么奇怪的？在国家困难时期，就连毛主席的孩子在学校也吃不饱。家里有点儿肉也是舍不得吃，得留着等孩子周末放学回家才炖。

在物资匮乏的年代，我们买布都得凭票。以父亲的职位，如果他愿意，是可以给家里一些特殊照顾的。但他从来没有那么做，我们的衣服基本都是外婆手工缝制的。我们小时候，家里的衣服是大孩子穿完小孩子接着穿；穿坏了补好继续穿，补丁加补丁，直到没法缝补才罢休。没有哪个孩子不肯穿，更不觉得捡旧衣服穿丢人。我的父母也是如此，衣服若非到了实在不能穿的程度，是绝对舍不得换掉的。我小时候从没穿过新衣服，但也没有因此抱怨、自卑过。相反，经历过困难的日子，让我更懂得珍惜。

所以我们这代的大部分人，最明显的特点是不愿意丢破烂儿，小到衣服，大到家具，只要还能穿、能用就不想丢掉。我身上常穿的这件卫衣，是外孙上初中时穿的，他穿不了后我拿来穿，虽然袖口已经磨破了，还能将就穿。出去参加活动时，我会收到各种文件袋、布袋，都舍不得扔掉，因为总有用得上的时候。

再过两年，我就 80 岁了，现在仍然满头黑发。大家都以为我是戴假发或者染发了。其实我从来没染过。之所以这样，一方面可能是随父母，另一方面可能是我从小就不喜欢用化妆品。在我看来，肥皂是最安全的东西，除了一点点香料就是脂肪酸和碱。我经常把肥皂打在毛巾上擦洗身体。

北京的冬天很干燥，皮肤不搽东西很难受，我的法宝是凡士林。一罐 300 克只要 10 元，保质期 3 年。我买一罐凡士林搽手、脸和全身，差不多可以用两年。

因为父母节俭，耳濡目染之下，我们四个子女在吃穿住行方面都不是特别讲究，更别说攀比了。有人见我住在普通小区里很惊讶，觉得稍微寒酸了。但是，住再大的房子不就是睡一张床吗？我的想法很简单，够用就得了，多了就是负担。

当然，现在生活条件好了，孩子们不会再穿旧衣服。但在我的影响下，女儿也很节俭，舍不得买名牌，习惯买便宜的衣服穿。她也喜欢买包，但多半是环保、好用还不贵的布包。现在，我的思想也转变了，觉得孩子们应该买新衣服，如果大家都不消费，怎么拉动内需、带动经济？但是，一定要爱惜东西，不能浪费。

心底无私，对党忠诚

说实话，比起“大将”，我更愿将父亲看作一位坚忍的老农。在我和弟弟妹妹心中，父亲有着农民的坚韧不拔，有着为了自己的民族去奋斗和牺牲的决心、毅力。因此，即使后来几次被降级甚至撤销职务，他也从不在意，从不抱怨。他始终相信党和人民，从没改变自己为国为民的初心。

读书和工作后，我从没特意跟别人讲父亲是谁，没有讲的必要。直到父亲 1986 年去世时，大家才知道我是黄克诚的女儿。当初，我进高能所时要求进物理组，一开始组长还不要我，因为他知道我父亲是谁，想当然地认为干部子女不会安心干活儿。但是，我一直在这里干到退休，后来，组长对我说：“真没想到你进来后就扎下根来，能一直干到退休。”

有一段时间，领导把我调到党委工作，我一开始是不愿意去的，因为我更喜欢搞研究，忍不住跟父亲抱怨。他问我：“要我帮忙吗？”我马上摇头。他笑着说：“你不自私，可以做党的工作。”父亲的话让我吃了定心丸，后来我又到工厂当支部书记，干了 4 年党的工作后，才继续搞科研。但那段时间的工作经历，无疑是我后来工作的一盏指路灯。就像父亲说的：干党的工作，不自私是最重要的品质。

1986年12月28日，父亲走完了他的人生。“你们要学革命，不要学世故。”“你们要靠自己的努力奋斗成才，不要靠我的什么‘关系’‘后门’，我黄克诚是没有后门可走的。”这是他留给我们的遗言。

父亲走后，我们全家依然爱党、爱国。刚工作时，我住在二十几人的宿舍，上下铺很拥挤。后来有了单间筒子楼，尽管厕所和水房是公用的，冬天冷得要命，我也觉得很幸福。再后来我分到两室一厅的单元楼。作为一名普通的科技人员，我靠自己的能力而不是父母的关照，一步步改善生活条件，感到很自豪。相信父亲如果还在的话，也一定会为我感到自豪和高兴。

常常有人问我，你们家有人在国外吗？我的回答是：“没有，家人都在中国，因为我们是中国人。”妹妹黄梅去美国攻读博士学位后，学成回国。我们都认为自己国家最好，即使绿卡送到手上也毫不动摇。

不仅我们都在国内，孩子们也都在国内。曾有人问我，为什么不把女儿送出国？我说：“她非要出去，我不会拦；但她不出去，我巴不得。因为咱们国家越来越好，国家培养了我们，我们就得为国家作贡献。”

我们姐弟四人，每家都只有一个孩子。其实我那个年代，按当时的政策是可以生两个的。但是，我曾去东北工作，发现当地每个家庭都有七八个孩子。我当时就想：人能生儿子，地可不能生儿子，如果每家每户都生那么多孩子，国家的土地就不够用了。已经有了女儿的我，因此决定不再生育。

现在年纪越大，就越觉得有孩子比没孩子好太多。等到父母将来去医院，一个孩子怎么忙得过来？所以，现在看到年轻人，我都建议他们一定要生俩，有条件的话就响应三孩生育政策。

现在，很多父母都希望孩子能考北大、清华，如果大家都考上了，那金字塔不就倒过来了吗？让孩子如他所是，成为他自己，这是为人父母的首要职责。当然作为父母，孩子的学习一定要重视，直到他找到自己的兴趣，愿意主动学习。至于孩子喜欢什么，将来要做什么，我们家都会让孩子自己去选择，并且尊重孩子的选择。

就像父亲对我们没有太多要求一样，我对孩子的要求也很简单：第一，做个正派的人；第二，自个儿养活自个儿。好好过日子就行了，她想怎么过都由着她。只要不偷奸耍滑、违法乱纪就可以，如果能为建设国家出一份力，那就更好了。

退休后，黄楠经常给孩子们讲述老一辈的故事

父辈们一生奋斗，就是为了中国的富强和人民的幸福。我们今天愿意纪念他们，是因为他们的精神代表了中华民族的宝贵财富，也是中华民族传承几千年所留下来的文化根基。我希望，我们今天也要用这种精神来建设我们的国与家。同时，我也会将自力更生和勤奋上进的精神传给下一代，用心传承红色家风。

（供图 / 黄楠）

吕正操夫妇和孩子们在一起

我的父亲吕正操：
自在随意不逾矩

受访者｜吕彤羽（吕正操之子） 撰文｜张怿男

吕正操（1904—2009），无产阶级革命家、军事家，我国铁路交通战线杰出的领导者，中共中央原顾问委员会委员，中国人民政治协商会议第六届全国委员会副主席，中央军委原委员，中国人民解放军原铁道兵政治委员。字必之，辽宁海城人。

1922 年，吕正操参加东北军，次年考入东北讲武堂学习。毕业后，历任东北军连长、营长、师参谋处长、团长等。1936 年任东北武装同志抗日救亡先锋队总队长，参加张学良、杨虎城发动的西安事变。1937 年 1 月起任东北军第五十三军六九一团团长。同年 5 月加入中国共产党。

抗日战争全面爆发后，吕正操在冀中率部脱离东北军第五十三军，改编为冀中人民自卫军，任司令员。后所部加入八路军序列，历任八路军第三纵队兼冀中军区司令员，晋绥军区司令员，东北人民自治军第一副总司令等职。

新中国成立后，吕正操任铁道部副部长、党组副书记兼铁道兵团副司令员。参与领导建成了拥有多项世界领先技术的武汉长江大桥，完成了成渝、天兰等一系列干线、支线铁路工程建设任务。1958 年至 1967 年，先后担任铁道部代部长、部长、党组书记，兼任铁道兵第一政治委员、西南铁路建设总指挥部副总指挥。

1983年，吕正操当选为政协第六届全国委员会副主席，是中共第七届中央候补委员，第八届、第十一届中央委员，中共十一届一中全会任中央军委委员，中共十二大当选为中央顾问委员会委员，第四届全国人大常委会委员，第二届、第三届全国政协常委，政协第四届全国委员会委员。

1955年被授予上将军衔和一级独立自由勋章、一级解放勋章。1988年被授予中国人民解放军一级红星功勋荣誉章。

吕彤羽，1942年出生，吕正操之子，退休前为中国航天科工集团第二研究院23所副所长，参与组织研发“红旗九号”地空导弹系统，其参与的科研成果获2007年度国家科学技术进步奖特等奖。

2009 年 10 月 13 日，我的父亲吕正操以 106 岁（虚岁）高龄逝世，是我国最后一位逝世的开国上将。他从革命战争的枪林弹雨中走来，在冀中平原抗战中建立了卓越功勋。他波澜壮阔的一生和优秀共产党员的风范，一直深深影响着我、弟弟和两个妹妹的世界观、人生观和价值观。对我们来说，父爱是一部震撼心灵的巨著，读懂了它，也就读懂了人生。

得遇良师，立志报国

1904 年 1 月 4 日，我的父亲出生于辽宁省海城县（今海城市）毛祁镇山后村一个贫苦农民家庭。上学后，老师曾给他取学名“正言”，他觉得不对心思，这言语的“言”字跟打仗没关系。父亲从小目睹日本侵略者对自己家乡烧杀抢掠，内心充满对侵略者的仇恨，将自己的名字改为“正操”，决心长大后当兵，操练好本领打败日本侵略者。

父亲爱国，爱人民，坚持抗日，都与张学良这位“人生导师”有很大关系。

父亲有一位远房亲戚在张学良部队中担任军医。在这位亲戚的举荐下，17 岁的父亲来到张学良身边工作。当时，张学良的亲兵队伍是新式军队，特别重视识字的文化青年。父亲虽然文化程度不高，但写得一手好字，而且特别爱学习，加上和张学良是老乡，受到张学良的器重，被推荐到东北的讲武堂学习。

从东北讲武堂毕业后，父亲的文化程度更上一层楼，在军队中的地位越来越高，逐渐成为张学良的少校副官和兼职秘书。他非常珍惜与张学良相处的机会，两人一生的情谊因此建立。虽然他们在一起相处的时间不长，但父亲受到张学良深远的影响，爱国情操更是因为他上升到更高的境界。

年轻时的吕正操

1932年，父亲任东北军116师647团团长，率部到热河参加对日军作战。1933年夏天，他遇见地下党领导刘澜波、孙志远、黄显声，他说要抗日，不找共产党怎么行！从此，他和共产党建立了密切的关系。

1935年，投敌叛军妄图与日军里应外合攻占北平城。在这场战斗中，父亲指挥部队前后夹击，堵截围歼，将叛军全部消灭，而且城防部队无一人伤亡。“一二·九”运动中，父亲支持北平学生的爱国行动，指示部队主动配合学生游行示威，援助其进城，受到学生的欢迎和称赞。

1936年12月12日，张学良、杨虎城发动了震惊中外的“西安事变”。父亲当时负责保卫张学良公馆。当时，张学良邀请了多名中共代表来西安共商国共两党合作大计，周恩来在内的一行人就住在他的公馆内。父亲也幸运地接触到了这些举足轻重的人物，聆听了周恩来的教导，更加深切地体会到中国共产党抗日民族统一战线的伟大和正确，更加坚定了对中国共产党的信赖。

晚年的父亲曾和我谈过在“西安事变”期间与张学良的离别。他回忆说，张学良当时已经把个人的生死置之度外，只是想全心全意地为中国做一件事，让局势稳定下来，让老百姓过上安稳幸福的生活。两人分别时，曾约定好三天后再见面，所有人都想不到的是，这次分别竟然长达 54 年。

1937 年年初，由于共产党在 647 团的革命活动引起东北军上层反动军官的警觉，他们要求把 647 团拆散和其他部队混编。根据中共中央北方局指示，父亲率部接受改编，继续开展抗日救亡活动。同年 5 月，经中共中央北方局批准，33 岁的父亲加入中国共产党，全心全意为人民服务。

虽然远隔天涯，但从张学良离开台湾后父亲就一直与其保持密切联系，有条件就通电话，没条件就书信往来。两人一直保持着革命情谊。

1991 年 5 月，父亲前往纽约为张学良庆祝 90 岁生辰。他准备了 3 件非常有意义的礼物：一整套《中国京剧大全》唱片、一罐碧螺春茶叶和书法家爱新觉罗·启功的一幅书法作品，上面写着张学良的座右铭：“不怕死，不爱钱，丈夫决不受人怜，顶天立地男儿汉，磊落光明度余年。”

两人在纽约见过 3 次面，他们愉快地无话不说，在纽约中国公使馆两人畅谈了近 4 小时。张学良十分幽默地说道：“我可迷信了，信上帝。”父亲随口接上：“我也迷信，信人民。”张学良当即回了一句：“得民者昌！”

爱家者幸，得民者昌

父亲的生命中有两个非常重要的人，一位是被他称为“人生导师”的张学良，另一位是他的革命伴侣、我的母亲刘沙。

母亲比父亲小 13 岁，自小就向往读书自立、男女平等。她在北平上高中时参加了“一二·九”学生救亡运动。1937 年回到家乡，参加党领导的抗日工作。1941 年冬，任冀中区妇救会宣传部副部长。

在电影《吕正操 1942》中，我父母的婚姻是一段佳话。事实也的确如此，在我看来，他们是恩爱夫妻的典范。

1937 年，在冀中区妇救会工作的母亲认识了时任冀中军区司令员的父亲。父亲对母亲一见钟情，几次想向她表白心迹，又担心自己贸然行动会吓到她，最后托黄敬去做媒。黄敬是母亲的直接领导，又是父亲最知心的战友，跟双方都很熟。一天，黄敬托人捎给母亲一张纸条，上面写着司令员想同她谈朋友。母亲觉得这事不可能，司令员的官职太高，距离自己太遥远。后来，黄敬反复做她的思想工作，母亲才同意跟父亲见面。见面时，父亲开门见山地说：“我们交换交换意见，谈谈彼此的观点，谁也不能勉强谁嘛。”

母亲实话实说：“我认为我们不可能。因为跟大人物在一起，我受不了拘束，距离太大，我不习惯，恐怕合不来……”“什么大人物小人物的，都是共产党员，能有多大距离？”父亲打断母亲的话，“说来说去，还是要摆开自己的观点、想法再下结论嘛。”

然后，两人开始从马克思主义的恋爱婚姻观点，谈到马克思和燕妮的爱情生活，最终取得共识：男女双方必须平等相待，互相尊重，互相信任，夫妻间应坦率、真诚，来不得半点儿勉强。慢慢地，母亲固执而矜持的心理防线终于被父亲突破，两人建立了恋爱关系。

1941 年年底，朱德和彭真来电批准他们结为夫妻。虽然有媒人介绍的环节，但实际上他俩是自由恋爱，这在那个年代还是挺新潮的。父母的婚恋观也对我们产生了很大影响。我们兄妹四人都是自由恋爱，结婚，没有一个是父母之命、媒妁之言。

我的父母在革命中相识相爱，携手走过 60 多年风雨，直到死亡才将他们分开。在一起的日子，母亲支持父亲的所有决定，陪伴他走过艰难岁月。只要有空，她就给父亲精心制作饭菜，保证他的营养和健康。父亲能长寿，与母亲的爱与精心照料是分不开的。

我出生在 1942 年，这一年对父亲来说意义重大。

当时，冀中抗战形势艰苦卓绝、生死攸关。为了粉碎侵华日军华北驻屯军司令官冈村宁次发动的“五一大扫荡”，时任冀中军区司令员的父亲和冀中区党委负责同志研究决定，将主力部队由内线向外线转移，冀中区党政军机关人员进行大规模精减，精减人员分散隐蔽到可靠的村庄，和群众一起坚持反“扫荡”。在精减下来的人员中，时任冀中区妇救会宣传部副部长的母亲有孕在身，被安排留了下来。

经过艰苦卓绝的迂回周旋，父亲率领冀中军区主力部队及党政军首脑机关跳出敌人的合击圈，彻底粉碎了日寇“五一大扫荡”的图谋。反“扫荡”结束后，母亲在警卫员的保护下，历尽艰险地带着我回到父亲身边。在电影《吕正操 1942》的结尾有这样一幕：战士们围绕着我母亲，高声欢呼着：“我们有儿子了！”那个“儿子”

就是我。

我能顺利降生，与八路军战士、人民群众的保护分不开。打我记事起，父母就多次讲述我出生前后的故事，让我心怀感恩，所以时至今日，我在内心深处依然感恩那些保护我出生、成长的八路军战士和老乡。当年，背着年幼的我艰难行军的八路军战士是高辉。虽然那时我还很小，但“高辉”这个名字至今仍然深深印刻在我的脑海中。

1941 年，冀中抗日根据地和八路军第三纵队成立 3 周年之际，毛泽东主席专门从延安发来亲笔题词：“坚持平原游击战争的模范，坚持人民武装斗争的模范。”父亲在冀中战斗、生活了 6 年。他的部队和当地老百姓相濡以沫、鱼水情深。冀中的父老乡亲视他如家人，父亲也一直把那里当作自己的第二故乡。或许，这正应了“得民者昌”这句话。

1955 年，父亲被授予上将军衔。他曾不止一次地对我们说，自己不过是战争的幸存者，人民才是真正的英雄。如果没有冀中人民的英勇战斗和流血牺牲，他能不能活下来都很难说。

战后几十年，父亲常怀念冀中人民。1985 年夏天，还特意回到曾经战斗过的地方，和老房东促膝谈心，漫步在滹沱河畔，寻找当年的战场。他说：“抗战时期，800 万人民在党的领导下英勇斗争，前赴后继，壮烈牺牲，最后赢得了胜利。我不过是和人民战斗在一起的普通一兵，在党的哺育下，做了自己该做的一份工作。我常常想起失去的战友和壮烈牺牲的冀中群众，对他们怀有无限的敬意和悼念。”他对冀中的人民，以及那里的村庄、河流、田野，甚至一草一木，都怀着无比的深情。

父亲也常常告诫我们："人，不在于活多久，当多大的官，而在于给人民做多少事。"我虽然没有在抗日战争和解放战争中发挥作用，但在父亲的谆谆教诲下，从小就明白人民群众才是真正的英雄。一个人无论身处什么位置，都要对人民毕恭毕敬，满怀感恩和崇敬之心。

自在随意，不耍滑头

父亲非常尊重儿女们的选择，从不要求我们必须从事什么工作。他一直跟我们强调，要自力更生、自食其力，别指望让他做"保护伞"。所以，我们兄妹四人在学业、工作和婚姻上，从未向父亲寻求过帮助。我们都按自己的兴趣选择了喜欢的职业，也都在各自的领域兢兢业业地工作了一辈子。

出生在战争年代的我，从小就喜欢武器。1948 年，父亲在东北工作，我平常和警卫班的战士接触比较多，喜欢玩他们的武器。有一次，我居然把手榴弹壳拆掉了，险些酿成大祸，平常和颜悦色的父亲狠狠地揍了我一顿。就连他去世前，还把我叫到床前说起这件事："你小时候实在太调皮了。"

父亲教育孩子基本不动用武力，那是我记忆中唯一一次挨打。他揍我，目的不是斩断我的兴趣爱好，而是让我知道要有危险意识，不能因为好奇和无知给自己、别人带来危险。从那之后，我对武器的兴趣更大了，但也更加稳重踏实地学习研究武器的相关专业知识。

因为喜欢武器，我大学时选择了自动控制专业。1965 年，父亲把我送到当时最艰苦的地空导弹部队当兵。他觉得光学习专业知识远远不够，一定要深入到人民群众中去锻炼、操练。在部队里，我的任务很多，养猪、放鹅、站岗，仅有的空余时间，我都拿来学习地空导弹的专业技术知识。这一年的地空导弹部队军旅生涯，为我后来的工作奠定了扎实的基础。1966 年，我进入航天部第二研究院 23 所工作。我一辈子就干这个，40 多年从没有放弃过。

我们家四个孩子，没有一个进部队。曾有很多人问我父亲，为何没让一个孩子继承父业。父亲说，他希望子女能自力更生，不是担心我们在部队辛苦，而是害怕因为他的关系我们不努力，蒙混度日。

父亲是一位军人，特别严厉，但很少批评人。但对于原则性问题，父亲毫不含糊。还记得我小时候打扑克，学着其他人偷牌捣鬼，不料被父亲逮个正着。那一次，他特别生气，狠狠地批评我说："你什么都没学会就学会了耍滑，以后还能做成什么事呢！"从那以后，无论是学习、工作还是为人处世，我都踏踏实实、老老实实。

儿时的吕彤羽和父亲

20 世纪 70 年代，我被下放到南京炮兵部。在那里，我组织同事们研制出炮兵测地计算机。这是国内最早的专用便携式数字计算机，还被送到北京的军事博物馆展览。20 世纪 80 年代，我带领团队研制出新的制导雷达数字电子计算机系统，完全替代了之前的电子管模拟计算机，这个项目的出口创汇产生了巨大的军事效益和经济效益。

人生总有面临抉择的时候，当我对事业感到迷茫时，又是父亲的一句点拨令我醍醐灌顶。“红旗九号”研制是我在 23 所最后一项工作，当时由我带领大家进行一项新设备的研制。一天，院领导找到担任副所长的我，询问我是否愿意调到其他单位当一把手。我动心了，跟父亲商量是去是留。父亲听后，语重心长地对我说：“当多大官不要紧，重要的是给人民办多少事儿！”简单的一句话如拨云见日，我婉拒组织上的推荐，继续静下心来完成手头的科研任务。

这项研究课题就是后来的“红旗九号”地空导弹系统，获得了 2007 年度国家科学技术进步奖特等奖，我作为代表上台领奖。我领导过的研究项目有 3 位同事成为国家级劳模，我内心深处非常感谢和我共同战斗过的科研同事们，我之所以能坚守在国防工业并取得这份成绩，与父亲的影响和熏陶是分不开的。父亲这一生为国家作了很多贡献，却一直谦虚、低调。他曾对我们说，给国家做实在的工作，比炫耀一些虚的东西，心里更感到踏实。

退休后，我们老同学聚会，我是其中官最小的，房子最小的，“轮子”也是最小的——其他人都是开着汽车来的，我是踏着小滑轮来的。但我内心真的非常充实、自在。因为我这一辈子都在踏踏实实地为国家和人民工作，我觉得这比名利更让人心里踏实和明亮。

吕彤羽和父亲的珍贵“合影”

大弟吕彤欣比我小9岁，毕业于北京航空学院飞行器自动控制专业，之后在航天部工作。1986年，他赴美国留学，获得爱荷华州立大学电机工程博士学位，之后在硅谷一家高科技企业工作。2002年，大弟带着技术人员回国创业，在业内非常有影响力，但行事低调，很少有人知道他是吕正操的儿子。

我的两个妹妹也挺不错，大妹吕彤岩是我们家的当家人，对我们这个家以及兄妹几个人都有积极的帮助。

小妹吕彤邻因为从小喜欢文学，就读北京外国语学院法语系，获得比较文学博士学位。毕业后，她在数所美国大学教授中国文化和文学课程，现在是加拿大蒙特利尔大学比较文学系终身教授、上海交通大学历史系讲席教授，还是国际著名影视与文化研究学者。

正因为父亲尊重我们的兴趣爱好与职业选择，给予最大的自由，我们才会由衷地感到幸福，铆足劲儿地努力工作、好好生活。

热爱运动，战胜自己

父亲说，他一辈子做了三件事：打日本、修铁路和打网球。

他的前半生历经抗日战争和解放战争，后半生却与铁路紧密相连，也取得了很多瞩目的成就。毛主席曾说过："如果成昆铁路修不好，我是睡不好觉的。"成昆线等西南三条铁路线工程，在当时可以说是难比登天。但就是这样一个浩大的工程，却在父亲接任总指挥之后，有条不紊地按毛主席指出的方向打开了局面。为了不辜负党和人民的期望，父亲拼尽全力，动用了铁道部工程局和铁道兵 30 多万人投入了这个工程。

20 世纪 60 年代末，非洲总统向我国提出希望可以赞助其铁路建设的请求。周总理亲自找到我父亲，问他有没有信心和能力帮助非洲建设铁路。面对这个艰巨的任务，父亲没有拒绝，将中国优秀的工程建设带到非洲，为他们修好了铁路，为今天的"一带一路"倡议打下了基础。

有不少人说，打网球和抗日、修铁路相比微不足道，父亲却不以为然，总是说："体育是关系中华民族精神状态和总体素质的大事，不是小事！"父亲是中国网球协会终身主席，90 岁还在打网球。他能活到 106 岁（虚岁），成为寿命最长的开国上将，和一辈子热爱运动尤其是网球有很大关系。

父亲打网球的历史可以追溯到 20 世纪 20 年代。当年，他在东北军跟随张学良时，就爱上打网球。冀中抗战中，只要战况一缓，他就会跟人打两局。20 世纪 50 年代，北京的网球场很少，会打网球的人也很少，父亲就请来民主党派领导人余心清和老教练们一起打。为了组建中国网球队，父亲一直催问贺龙元帅："什么时候成立国家网球队？要钱我们没有，要人要物，我们还有办法呢！"后来，他又找到同样爱打网球的北京市领导万里，共同修建了北京最早的先农坛和体委训练局网球馆，让国家队终于有了自己的网球训练馆。

2004 年，李婷、孙甜甜在雅典奥运会获得网球女子双打金牌，一直守在电视机前的父亲激动不已，马上让秘书发去贺电，那一年，他已经超过 100 岁了。

网球是父亲一生挚爱，他是中国网球协会终身主席，直到今天，中国网球协会主席的位置还空着。90 岁后，在医生和家人的再三劝阻下，他才停止了网球运动。

除了打网球，父亲还很喜欢游泳，直到 98 岁还在游。他常说："人体各部分都是用则进、不用则退，因而平时既要注意锻炼身体又要注意活动脑子，这样才能有效地延缓衰老。"

父亲业余爱好很多，读书看报、下围棋、打桥牌、写作，闲暇时还听京剧。他自称是杂家，哲学、经济学、历史、文艺等书籍都看。他总告诉我们，买书是为了读，而不是为了收藏。有人送他精致的名著收藏本，他总是毫不犹豫地转赠给图书馆，因为那样就有更多人能读到了。

父亲的这些爱好习惯对我的影响很大，我做不到像他那样涉猎广泛，但游泳一直坚持了下来。

比起学习，父母对我们兄弟姐妹的体育运动、身体健康更关心。母亲自己不会游泳，但硬是蹲在泳池边，靠着从书本上学来的知识，教会了我和妹妹游泳。学会游泳后，我就爱上了这项运动。我 10 岁那年，父亲第一次带着我游海泳。他先做了示范，然后就让我自己去试一试。我鼓足勇气游进海中，那是人生中第一次长距离游泳。还记得当时父亲站在沙滩上，视线一刻不离地盯着我，此情此景，我至今还没有忘记。

几年前，我搬到海南常住，最重要的原因是能随时去海里游泳。在海南，我每天都会进行两次长距离野泳，一次至少一小时，这是我怀念父亲的最好方式，也是我年近八旬身体依然很硬朗的法宝。退休后，轮滑等各种户外运动也成为我每天的乐趣所在。

父亲说，人最大的敌人是自己，能战胜自己的人在世界上战无不胜！这成为我处理衰老问题的座右铭。我把自己老年过程中出现的问题当成敌人对待，通过学习思考试着找出解决办法。

我觉得，不仅年轻人要运动，中老年人也要运动，年纪越大越要运动，这是对自己负责，对子女负责，更是给国家减少负担。现在又不是战争时期，生活安定幸福，我们一定要管理好自己的健康。自己身体好，不仅少麻烦别人，还能力所能及地为家庭、社会作一点儿贡献，这就是真正的老有所为。

父亲曾说过，精神好效率就高，不能把自己的身体和国家事业变成甲方、乙方，而是要将它们联系起来处理好。除了体育锻炼，我们也要有精神支撑，不要怕这怕那、畏首畏尾，要保持好的精神面貌和生活习惯，这也是父亲告诉我的人生道理。

我的血糖超标多年，年轻时工作量大，运动条件不如现在好。我没有胰岛功能，除了不吃精米白面外，就靠游海泳控制血糖，就相信运动。感觉效果还挺好！

我马上就80岁了，海泳依然是我每天活动的核心，与此同时，我也关注国家大事和世界大事。热爱运动、活到老学到老是父亲给我们传下来的最宝贵家风。

不忘历史，砥砺向前

父亲的前半生与抗战紧密相连，他一直希望后人能多多了解抗战历史的本来面貌和真实场景。但随着时间推移，在世的抗战亲历者越来越少。如何让后人记住这段硝烟弥漫的历史，成了他心头挥之不去的牵挂。

1983 年，马上 80 岁的父亲创办了“冀中人民抗日斗争史资料研究会”（以下简称“冀中研究会”），并担任首任会长。这么大年纪，为什么还要做这件注定辛苦奔波的事情？父亲说他想趁大部分抗战老同志都在世时，请他们把亲身经历的战争场面写下来。

冀中研究会成立后，父亲牵头组织了 800 多名抗战老同志，用 10 年时间编写了近 300 万字的 50 本《冀中人民抗日斗争史资料》（内部资料）以及大量历史资料，为冀中抗战乃至全国的抗战研究留下宝贵的资料。尽管已经年过八旬，父亲的身体和精神状态特别好，很多事都会亲力亲为。

怀着对逝去生命的敬畏，父亲很少跟我们谈论历史。还记得他百岁生日时，谢绝了家乡政府和一些单位为他办生日宴的请求，也谢绝了客人拜访，一个人在家里阅读刚出版的回忆录。当晚，他语气沉重地对我们说：“我常常想起那些为了保护我们而惨死在日本侵略者刺刀下的乡亲，还有那些在战斗中牺牲的战友……”

2009 年，病床上的父亲即将迎来 106 岁生日。因为他的听力有问题，我妹妹在一块小黑板上写下“生日怎么过？”，父亲在黑板上写下“不声张”3 个字。他觉得，和牺牲的战友们相比，自己能活到现在已经是一种很大的幸运。

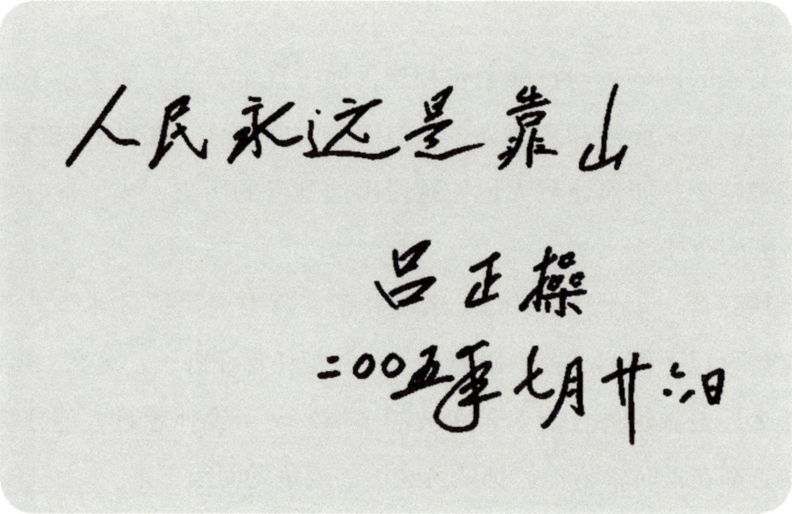

吕正操晚年题字

事实证明，父亲是颇有先见之明的。截至目前，所有关于抗日根据地的历史档案和战斗记载中，冀中根据地的最为翔实。2008年，我退休后接任冀中研究会第四任会长一职。为了完成父亲的心愿，沿着他当年的足迹，走访了多处原冀中抗日战场。

印象中最深刻的是去河北省保定市冉庄镇冉庄村，这里有父亲当年战斗过的痕迹。1939年7月31日凌晨，日军包围冉庄，挥舞着刺刀和皮鞭，把所有村民驱赶到南大桥三官庙前妄图摧毁抗日政权。他们残忍地烧杀抢掠，无恶不作。父亲带着队伍匆匆赶到冉庄，给老百姓送去了救济粮、救济款和物资："乡亲们，不要怕，敌人烧了旧房咱们盖新房，碎了旧缸买新缸，大家一定要振作起来重建家园，争取早日把侵略者赶出去……"

时隔70多年，当年的小孩都已是垂垂老者，但他们依然记得我父亲。老人们争先恐后地告诉我，他们当年见过吕将军，他给老百姓讲形势，说抗战需要人，村里的好多青壮年都参军了，有的父亲看儿子入伍，自己也跟着入了。当地老百姓代代相传，都记着我的父亲，都觉得他是大好人。但我常听父亲说的一句话是，他欠老百姓的情。

常常有人问我，你的父亲是开国上将，但你为何很少主动提及他呢？我的回答是："有需要我的地方，比如关于冀中抗日根据地的史料、与父亲相关的活动，我都愿意参加。"现在很多人都讲红色传承，觉得讲述父辈的红色故事是我们这些"红后代"的责任，这句话没错。但我也觉得红色传承这件事，不是非得"红后代"才能做。因为，革命传统说到底是精神传承，所有历史材料和故事都在那儿，只要你愿意学习，每个人都能成为红色传承人。

转眼间，父亲离开我们已经13年了，但他心中有民、踏实肯干、生命不息运动不止的教诲持续影响我的一生。我希望自己能如父亲那般，心中有民、老当益壮，并努力将他留给我的精神财富传递下去，为中华民族伟大复兴和世界和平发展作出自己的贡献！

（供图 / 吕彤羽）

曾志与儿子石来发一家在井冈山合影

我的奶奶曾志：
清清白白做人，踏踏实实做事

受访者 | 石草龙（曾志之孙） 撰文 | 方湘玲

曾志（1911—1998），中国共产党组织战线杰出的领导者，中共中央原顾问委员会委员，中央组织部原副部长。原名曾昭学，湖南宜章人。

曾志出生于知识分子家庭，1926年8月考入湖南衡阳农民运动讲习所，同年10月加入中国共产党。自1927年春起，先后任衡阳地委组织部干事，郴州中心县委秘书长，郴州第七师党委办公室秘书。1928年4月上井冈山，任红四军后方总医院党总支书记，红四军组织科干事，红四军前委工农运动委员会民运股股长、妇女组组长。参加了著名的黄洋界保卫战。1940年秋，任中央妇委秘书长。

1977年12月，曾志任中共中央组织部副部长。在中共十二大上，曾志当选为中顾委委员，并任中顾委临时党委副书记。

曾志是中共七大候补代表，八大、十二大、十三大、十四大代表，十五大特邀代表；还是第一届全国人大代表，第三、四、五届全国人大常委会委员。

石草龙，1961年出生，曾志之孙，石来发次子，在井冈山务农，后来在江西干部学院做保安，现已退休。

初冬时节，井冈山温暖如春，空气中弥漫着淡淡的桂花香气。我，一个土生土长的井冈山人，一如既往地走进茨坪，来到小井，看望长眠在此的奶奶曾志。

在亿万国人心中，奶奶是杰出的无产阶级革命家，是备受人们尊敬的巾帼英雄；在我的心目中，奶奶的身份很简单，她是我们的长辈，但也是一位与众不同的奶奶。

石草龙

坚守信念，勇于牺牲

小时候，我就从乡亲们口中得知，我的奶奶是位很了不起的大人物，住在离井冈山很远的大城市。奶奶长什么样子？她为什么没有和我们生活在一起？带着这些疑问，我曾无数次想象见到奶奶的情景，也不止一次问过父亲。我的父亲石来发一贯低调谦逊，从来不提他母亲在外面当大官，也不和我们说关于奶奶的一切，只是在井冈山默默地做农民。

后来，随着年龄的增长，父亲才慢慢告诉我和哥哥石金龙：奶奶 1911 年出生在湖南省宜章县的一个知识分子家庭，15 岁就进入衡阳农民运动讲习所，成为当时唯一的女学员。并在当年加入中国共产党，担任衡阳地委组织部干事、农民协会妇女干事。1928 年，奶奶参加了党领导的湖南暴动，之后来到井冈山，担任了红四方面军后方总医院党总支书记，和贺子珍、伍若兰并称为“井冈山红军三女杰”。

也是在这一年冬天，奶奶迎来了第一个孩子，也就是我的父亲石来发。关于这段经历，奶奶在她的自传《一个革命的幸存者——曾志回忆录》中有详细的记录：“1928 年 11 月 7 号我临产了，因为是苏联 10 月革命纪念日，所以我记住了这个日子。由于是难产又是第一胎，我足足疼了三天才将孩子生下来。”

奶奶受的苦还不止于此，父亲出生后，她因产后大出血昏死过去，随后又遭受乳疮的痛苦折磨和产褥热导致的持续高烧。身体状况好不容易有些好转时，由于革命工作的需要，奶奶不能享受初为人母的喜悦，就要随红四军主力转战赣南、闽西打游击，创建革命根据地。考虑到当时的战争环境危险又艰苦，出发前，奶奶含泪将出生才 26 天的儿子托付给井冈山的石连长照顾，父亲因此取名石来发。

多年后，奶奶接受一位记者采访时，动容地说："当孩子被抱走时，我顿时难过起来，眼泪直淌。他毕竟是我的骨肉啊，我带他生活了 26 天，真是难舍难分，这大概就是母亲的天性吧！"

但是，作为一名共产党人，为了共产主义的理想，为了革命事业，奶奶毅然选择牺牲自己的一切，将革命的利益和人民的利益放在第一位。就如同她曾对毛主席说过的那句话："为了革命，我随时准备献出自己的一切。"也因为这份坚定的信念，父亲并不是奶奶送出的唯一的孩子。

1931 年，奶奶与革命烈士蔡协民所生的儿子，她也没能亲自抚养。奶奶后来回忆："我怀孕后，写信告诉母亲，她老人家来信，要我把孩子送回家，由她抚养，并寄来 40 块现洋作路费。孩子刚出生 40 天，我奉命调到厦门工作。我到了厦门后，正准备请假送孩子回家，厦门市委负责同志找我谈话，劝我不要带孩子回家，一是路途遥远，孩子也折腾不起；二是回家来去要几个月，影响工作。我当即表示，同意组织上的意见，于是把这个孩子送给了一户从医的人家。"

奶奶的决定不是一时头脑发热，因为她曾经说，爱儿女是父母的天性，但是，一个共产党员，首先爱的应该是亿万劳动人民。爱自己的儿女，也要服从于革命的利益、人民的利益。

值得一提的是，作为回报，这户人家为党组织提供了一定的活动经费，让党组织得以渡过难关。不幸的是，由于当时前来这户人家治疗天花的孩子较多，再加上卫生条件差，奶奶的第二个儿子只活了 20 多天，就因罹患天花夭折。得知这个噩耗，奶奶心痛了好久，但坚强的她最终还是将这份痛藏在心底，继续投身革命事业。

1933 年，奶奶生下第三个儿子，也就是春华叔叔。同样为了党的革命事业，春华叔叔生下来的第十三天，奶奶就把他送给了一位同志的大婶抚养。当时条件过于艰苦，春华叔叔因为严重的营养不良导致体弱多病，十几岁时看起来像几岁的孩子，最终还落下腿疾，这也成为奶奶心中永远的痛。

连续送出三个儿子后，蔡协民爷爷因被叛徒出卖而英勇就义，奶奶再一次深受打击。只是，革命时期，奶奶没有时间悲伤，只能打起精神继续战斗。

后来，奶奶与中国无产阶级革命家、中国人民解放军高级指挥员陶铸爷爷结为夫妻。1941 年，我的姑姑陶斯亮在延安出生了。姑姑比父亲和两位叔叔幸运得多，从小有保姆照顾。姑姑 4 岁时，奶奶和陶铸爷爷随部队到两湖、两广开展敌后游击战争，将她交给公家抚养。没想到，两个月后，日本投降，奶奶接到命令要赶赴东北。得知这个消息，保姆带着姑姑去东北找奶奶，由于路途遥远，一路上又危险重重，直到两年后，奶奶才得以和姑姑见面。

女儿回到身边了，此时的奶奶更加牵挂两个从小被送出去的儿子，期待着能早日和他们团聚。谁料，这一等又是数十年。

坚持原则，不开后门

父亲告诉我，1951 年，在组织的安排下，时任广州电力局局长的奶奶，托人辗转找到时年23岁的他。不久，父亲专门前往广州去见奶奶。奶奶这才知道，父亲还不到8岁，石连长夫妻就不幸先后离世。他跟着老外婆（石连长的岳母）四处要饭，艰难度日，吃了很多苦。

父亲的不易，让奶奶既心疼又愧疚。得知他一天书也没念过，奶奶就叫他留在广州到工厂工作。当时的工厂里都有夜校，父亲可以一边做工一边学习，可是父亲不愿意。因为全国刚解放，父亲还沉浸在分到田地的喜悦中，更何况老外婆的眼睛瞎了，需要人照顾。因此，父亲告诉奶奶，他和母亲在井冈山有五亩山林和十几亩土地，母亲贤惠能干，他舍不得丢下井冈山的一切。父亲还向奶奶说了自己的心里话："妈妈，我以前从来都不知道自己还有另外的父母。养父母去世后，是外婆吃尽苦头才把我带大的。现在她的年纪大了，我要有良心，留在井冈山祭扫祖坟，不能离开。"

儿子失而复得，做母亲的当然希望将他留在身边。就在父亲以为奶奶不会同意他的决定时，奶奶却说："儿子，虽然你大字不识，但是懂得一个道理，就是人要有感恩之心。你来不来广州都是我的儿子，当农民、当工人都一样，都是为了国家工作。"因为奶奶的大格局，父亲又回到了生他养他的井冈山，继续做农民。即使我和哥哥出生后，一家人过着贫寒、简单的生活，父亲也无怨无悔。

那些年，井冈山的父老乡亲们都知道奶奶在外面大城市当大官，很了不起。特别是1977年，奶奶担任中央组织部副部长后，经常有人问我们："你们的奶奶当大官，为什么你们不去找她安排个工作，还要待在农村里过苦日子呢？"起初听到这样的话，我们还不以为然。随着我和哥哥结婚生子，我们都很快就感觉到了生活的压力，也希望能给家人更好的生活，自然动起了找奶奶“想想办法”的心思。

1985 年，由于当时商品粮户口非常吃香，我和哥哥跟随父亲一起，挑着两箩筐井冈山的土特产，千里迢迢地到北京去看望奶奶，期待她帮我们办个商品粮户口，找个工作，让我们早点儿过上更好的日子。

奶奶和父亲久别重逢，又是第一次见到我和哥哥这两个孙子，非常开心。她像寻常人家的长辈一样，天天跟我们拉家常，还陪着我们去北京的景点游玩儿。甚至不顾自己已经年逾古稀，坚持陪我们登上长城。感受到奶奶对我们浓浓的爱，我们父子三人都非常幸福，一直不好意思开口提商品粮户口的事情。

直到临回家前，我和哥哥才鼓起勇气说了出来。万万没料到，原本温和、慈爱的奶奶听到后，立马一脸严肃，语重心长地对我们说：“孩子们，我们吃的粮食、蔬菜都是农民种出来的，做农民不是挺好的吗？当年我们参加革命，就是为了把土地从地主手里夺过来分给老百姓。农民拥有土地很不容易，你们待在农村里也挺好啊。”奶奶的这番话，无疑给我们浇了一盆冷水。

随着时间的推移，尤其是我们一家人重走奶奶的革命之路，从赣南走到闽东后，才真正理解她的革命信仰，明白在奶奶那一代共产党人的心里、眼里，只有人民的利益，没有他们自己个人的利益。

身为老一辈革命者，奶奶坚持原则不仅体现在这件事上。在 1964 年的社教运动中，作为生产队记账员的父亲犯了小错。虽然涉及的金额小到只有几毛钱，但在当时也不容忽视。情急之下，他跑到广州去找奶奶，请求她让他留在广州。结果令父亲大失所望，虽然奶奶很看重母子之情，但为了不违背原则，还是狠心拒绝了父亲，要他为自己的错误负责。明事理的父亲也没有怪奶奶。

法归法，情归情。奶奶对我们一家人的牵挂和爱，并未因为她坚持原则而减少。自从 1985 年相聚后，我们和奶奶都住进了彼此的心里，奶奶还多次来井冈山看我们。最让我难忘的是 1987 年，奶奶第一次去我们家时的情景。

当时，和奶奶同行的还有几位老同志。奶奶因急于见到我们，下了飞机后，没有陪其他老同志去江西省委，而是一个人直接坐车过来了，可见奶奶对我们的思念之深。后来，奶奶的秘书刘朝辉在回忆这次陪她上井冈山的情景时，也记录下令人感动的一幕："曾老从一进门就握住石大哥的手，吃饭时也不曾松开，那种慈母情溢于言表。"

那时候，我们家刚好新建了房子，奶奶站在房子旁边，笑眯眯地看了很久，还乐呵呵地对我们说道："多好啊，你们能住在这样的房子里面，真不错。"看到奶奶一脸满足的样子，我们也非常开心。

勤俭节约，人民本色

最有意思的是，奶奶回来的时候，还带来了一个很大的布袋子。第一眼看到那么大的袋子，我心中窃喜，觉得奶奶在北京，又有身份、地位，应该是给我们带来不少好东西。哪知打开布袋子，里面全都是洗得干干净净的旧衣服和旧鞋子等物品。见此情形，年纪轻轻的我不由得笑了，心里为奶奶的朴素和节俭打动。不过，我到奶奶身边生活后，才真正见识到了她的勤俭节约，也更加理解了奶奶。

1990 年，随着小女儿出生，我的家庭负担日益加重，我决定外出打工。远在北京的奶奶听说后，建议我到北京学开大货车。起初，她通过别的司机了解到，在培训班学习比较便宜，就先安排我到北京郊区的一个培训班去学习。让我感动的是，奶奶担心从培训班学到的技术有限，又给我找了一位开大车的老师傅，让我跟着他多多练习。我唯恐辜负奶奶的厚爱，不怕苦，不怕累，天天铆足劲儿学习。驾驶技术熟练后，我找了一份从山西往北京运煤的工作，并且一干就是 5 年。

我在北京学车期间，跟奶奶相处的时间很多。陶铸爷爷早在 1969 年去世，奶奶一直和姑姑相依为命。1994 年，奶奶从中组部退休后，就和姑姑住在一起，享受天伦之乐。每逢周末，我都会去看望奶奶。平时家里有好吃的，奶奶都会打电话叫我过去。

因为我之前就患有肾结石，从事司机的工作后，常常在驾驶室里一坐就是好几个小时，喝水不多，运动也少，导致肾结石病情加重。到北京不久，病情突然发作，我被迫住进医院接受手术。想到妻子在家要照顾两个女儿，无法分身来照顾我，我就索性没有告诉她这件事。奶奶知道后，第一时间让姑姑替我交了住院费，又给我请了护工在医院精心照顾我，还给我做可口的饭菜增加营养。

别看奶奶为我花钱舍得，实际上，她一贯非常节俭，全身上下最值钱的东西，就是过八十大寿时，姑姑送的一块上海牌手表。在穿着上，奶奶像大多数农村大妈一样干净、朴素，春夏秋冬就那几身衣服轮换着穿。有的衣服还是姑姑淘汰下来的，奶奶舍不得扔，留着自己穿。每件生活用品都被她用到极致：茶杯没有把手，梳齿残缺不全，毛巾是两条破的缝在一起……

初见这一切，我还一度认为这些东西实在配不上奶奶的身份，建议她换新的。可奶奶却不以为然地说这些还可以用。这就是我的奶奶，提倡节约，也用一辈子践行节约。

对于奶奶的节约，不只是我一个人深有体会。我的侄子蔡军（哥哥石金龙的儿子）也曾和我说，他第一次去北京前，以为当大官的奶奶家里一定很豪华，没想到，奶奶的家具简单而陈旧，吃的也是家常便饭。而且每次吃饭，奶奶都会叮嘱大家，如果能吃就不要浪费，有时某道菜大家都不爱吃，奶奶是不可能倒掉的，只会自己全部吃光。

姑姑陶斯亮也说过，奶奶每天买什么菜都仔细地记在账本上，每一笔开支都记得明明白白，还经常将餐巾纸一分为二，多次利用。最能见证奶奶节约的，是她家里餐桌上的那块塑料桌布。桌布早就被砂锅烫坏了，但奶奶就是不扔，还别出心裁地剪掉坏的部分，将边上好的部分缝补到中间。

有一次，姑姑的朋友来家里做客，得知这块桌布是奶奶的“杰作”，难以置信地感慨道：“真的出乎意料，共产党的高级干部家居然用这样的桌布，实在简朴！”客人哪里知道，在奶奶看来，历经枪林弹雨和生活的艰辛后，这一辈子能过上这样的生活，能生活在改革开放的年代，已经很满足了。

奶奶也经常告诉我要知足常乐。有一次，我向她“吐槽”在工作中遇到的某些不公平的事。奶奶不但不为我撑腰，反而很严肃地批评我：“草龙，你为什么要跟他们去比呢？你看那些烈士的子女，在红军长征的时候，他们的父母为了革命事业，只能把他们丢下来去打仗，就像当年你的父亲那样。有的人甚至都不知道自己身上流的到底是谁的血！孩子，现在我们能够安居乐业，还能一大家人坐在一起吃饭，这已经是很幸福的事情了，我们要知足。”这样语重心长的话，从奶奶的嘴里说出来，总是格外震撼人心，也让我对自己的计较感到羞愧。反思之余，我也慢慢学习奶奶的这份知足和坦然。

1995 年秋天，奶奶被查出患上“恶性淋巴瘤（非何杰金型）”。此后的两年，奶奶三进三出北京医院，前后接受了八次化疗，每次都是姑姑去陪床照顾。奶奶一生为革命东奔西走，历尽艰辛和危险，到老了还要遭受病痛的折磨。我非常心疼奶奶，提出想去照顾她。可是，奶奶总说我开车本来就很累，坚持不让我再辛苦，要我有时间就好好休息。奶奶身患重病还时时刻刻为我着想，我真的很感动，更想在奶奶身边尽孝心，又怕惹她担心，只好乖乖听奶奶的话，在全心全意地工作之余，尽量去陪伴奶奶。

让我难忘的是，有一天，我正在陪奶奶聊天时，医院通知时任中共中央总书记、国家主席江泽民和国务院总理李鹏要来看望奶奶。我一时慌得不知所措，奶奶见了，和蔼地笑道：“没事，草龙，你不要出去，就站在边上吧。”我做梦都没想到自己一个普通老百姓，能有机会见到中央领导人，心里异常激动。看到中央领导人都亲切地叫奶奶“大姐”，和她亲切交谈，我心里特别感动。

1998 年年初，由于我的身体不太适合跑长途，我告别奶奶和姑姑，到广东去开出租车。没想到当年夏天，奶奶的病情就加重了。得知消息，我和父亲、哥哥很快赶到北京。奶奶知道自己的生命已经进入倒计时，一再叮嘱我们：“孩子们，不论什么时候，都要老老实实做事，踏踏实实做人。”我们都含泪点头，将她的话深深烙在心里。

在生命的最后时间，87 岁高龄的奶奶不舍地拉着父亲和春华叔叔的手，诉说着对他们的亏欠："孩子们，妈妈对不起你们，把你们生下来，却不能带在身边。妈妈实在没有办法。那时我也只是个小孩子，又要行军打仗，环境很苦，没有办法养孩子，要请你们原谅！"那一刻，奶奶的眼里有遗憾和愧疚，但更多的是慈母的温柔。

1998 年 6 月 21 日，奶奶去世了。临终前，她在遗嘱中写道："死后不开追悼会，不举行遗体告别仪式，不在家设灵堂……遗体送医院解剖，有用的留下，没用的火化；骨灰一部分留在井冈山一棵树下当肥料，另一部分埋在白云山有手印的那块石头下。绝不要搞什么仪式，静悄悄的，三个月后再发讣告，只写消息，不要写生平。我想这样做才是真正做到节约不铺张。"

我们遵照她的遗嘱，护送奶奶的骨灰到井冈山，将她的一部分骨灰葬在井冈山小井红军烈士墓旁边的一棵小树下面。奶奶的墓没有墓碑，也没有生平和悼词，仅在一块不大的三角形石头上刻了"魂归井冈　红军老战士曾志"几个字。一如奶奶在世时一样低调、简朴，也是奶奶让我们永远尊敬和感动的原因。

奶奶留给我们的感动还有很多，在整理她的遗物时，我们发现她的抽屉里整整齐齐地放着 80 多个信封。信封上面放着一张奶奶的亲笔字条："这些钱是组织发给我的工资，除去我生活上的花费，其余的全部在这里。请转交给老干局，给那些需要帮助的人。告诉组织，这些钱都是干干净净的。"目睹这些钱，读着字条，在场的人无不动容。奶奶一生追求崇高，甘于平凡，心里爱的始终是亿万劳动人民。这样伟大的奶奶，是我们子孙后代的骄傲，也是我们学习的榜样。

红色根脉，铁血忠魂

奶奶去世后，我们才知道父亲是夏明震烈士的儿子，我们是夏家的后人。姑姑告诉我们，奶奶在病重的时候，曾经交代她为夏明震爷爷申请烈士称号。姑姑也曾怀疑过我父亲的身世，因此在奶奶病危的时候问她："妈，爸爸有我，蔡协民有三哥春华，我大哥究竟是谁的孩子？"奶奶只说了一句："你大哥长得跟夏明震一模一样。"这句话，解开了姑姑心中的疑团。

原来早在1985年，我们第一次到北京见奶奶时，姑姑就觉得父亲的气质与众不同，曾在一篇文章中这样写道："终于见到了大哥！他个儿不高，清瘦，不同于我和二哥的泡泡眼儿，他眼睛深邃，面部立体，笑容真诚。'大哥年轻时一定很英俊！'我悄悄地想。两个侄子长得也好，很清秀。大哥和两个侄子衣着虽然简朴陈旧，但并

石草龙全家福

不是我想象中的庄稼汉模样。”

得知父亲是夏明震爷爷的儿子后，姑姑曾由衷感叹：“我很敬重大哥，他过得清苦，他的房子破旧，他有很多的艰难，但他恭敬温厚，朴实真挚，从来没有埋怨过母亲，反而一再对我说：‘我们不能照顾妈妈，全靠妹妹了，妹妹辛苦了！’他在母亲面前的从容得体，让我暗自惊讶，不愧是夏明震的骨血啊！”

我们一家都不了解夏明震爷爷，一直以为父亲是蔡协民爷爷的后代，哥哥的儿子还因此取名蔡军。奶奶去世后，为了核实父亲的身世，我们还特地去看了她的回忆录。奶奶在回忆录中清楚地记录着她和夏明震爷爷、蔡协民爷爷结婚的时间，以及我父亲出生的日期。我们按照这个时间推断，确定父亲确实是夏明震爷爷的骨肉。

原来，奶奶在上井冈山之前，已经与时任郴州中心县委书记的夏明震爷爷结为夫妻。夏明震爷爷饱读诗书，是共产党早期卓越领导人之一，也是红军早期创始人之一。他出身书香门第，兄妹五人都投身革命，英勇捐躯。其中最有名的就是他的哥哥夏明翰烈士，是“砍头不要紧，只要主义真。杀了夏明翰，还有后来人！”这首著名就义诗的作者。

不幸的是，婚后不久，夏明震爷爷在暴动中壮烈牺牲。已有身孕的奶奶强忍悲痛，跟随朱德老总上了井冈山，与蔡协民爷爷结为伴侣后，生下我的父亲。

知道我们是夏明震爷爷的后代后，夏家的亲戚曾来井冈山看我们，至今仍和我们保持联系。这让我们有了一份牵挂和想念，更多了一份对夏明震爷爷的缅怀。2017 年清明节前，我和姑姑陶斯亮从井冈山出发，前往湖南省郴州市烈士陵园，以夏明震后人的身份，祭拜了夏明震爷爷。

夏明震爷爷陵墓前的左右两旁，各立着一根水泥柱。水泥柱上题写着一副对联：有弟如兄为求主义真铁血头颅酬壮志，犹生虽死招唤忠魂住衡郴云树寄哀思。姑姑告诉我，这副对联是夏明震爷爷一生的真实写照，表达了后人对他的尊敬和怀念。听到姑姑这番话，身为夏明震烈士的孙子，我百感交集，泪水不知不觉充满了眼眶。

2018 年 3 月，郴州举办湘南起义 90 周年纪念活动。我作为夏家后代，荣幸地应邀出席了活动，纪念敬爱的夏明震爷爷。在活动现场，我感受到人们对夏明震爷爷的敬仰之情，我为自己有这样一位了不起的爷爷感到自豪，也觉得肩上又多了传承红色基因的责任。

传承家风，讲好故事

我能有机会讲述爷爷奶奶的故事，要感谢我做的这份保安工作。从 2012 年开始，我结束了在外漂泊的日子，回到井冈山，应聘到江西干部学院做了一名保安。由于学院在 2010 年开设了一堂名为《与井冈山红军后代面对面》的课程，学院让我向来自全国各地的学员讲述奶奶的故事。

刚开始，我觉得自己水平有限，又没有登台的经验，有些紧张。但想到奶奶从井冈山革命时期的红军战士，到中组部副部长、中顾委委员，把自己的一生都献给了祖国和人民，她的无私付出和艰苦朴素值得我们后人去学习和发扬光大。另一方面，奶奶一直教导我们要“知足常乐”“清清白白做人，踏踏实实做事”，这些都是无价的精神财富，我有责任将其弘扬，让更多人从中受益、学习和成长。想清楚这些后，再加上讲的都是关于奶奶坚守原则、不给我们办商品粮户口、勤俭节约等真实故事，我越讲越自然，受到很多朋友的喜欢，大家对奶奶更加敬重了。

除了奶奶，我也跟大家讲爷爷的故事。有一次，浙江省委党校人员来井冈山，我要讲课的时候，其中一位领导声情并茂地朗诵夏明翰烈士的就义诗：“砍头不要紧，只要主义真。杀了夏明翰，还有后来人！”然后含着热泪向现场的学员介绍我：“同志们，夏明翰烈士家有后来人，这位石老师就是夏家的后来人。”他的话音刚落，现场就响起了雷鸣般的掌声。很多人眼里都泪光闪烁，我也湿了眼眶，心里暗暗决定把爷爷奶奶的故事继续讲下去，因为这是我作为孙子的义务和责任。

知道我的奶奶是曾志、爷爷是夏明震后，也有人问我：“你的爷爷奶奶都很了不起，奶奶还曾是中央组织部副部长，你怎么当保安？”每每这时，我都笑着回应他们：“我能力不够，无法胜任更高职位的工作，做保安更踏实。”

了解到我的两个女儿大学毕业后，一时间都没找到特别合适的工作，有好几位前来学院学习的干部愿意给她们提供或介绍不错的工作。也有热心的朋友建议我：“你在北京跟奶奶待了好几年，何不利用这大好资源，为女儿们谋个好前程？”实际上，两个女儿也希望我能想办法找找奶奶的老部下，帮忙找个好工作。

但我知道奶奶一辈子做人做事清清白白，并且非常讲原则，我不能也不愿给她抹黑，只能婉拒了大家的好意，鼓励女儿们自己积

石草龙与哥哥石金龙两家的过年团圆饭

极找工作。庆幸的是，两个女儿虽然都曾怪我不帮忙，但后来都渐渐理解了我，知道我是不想做不肖子孙。女儿们还懂事地说我做得对，将来她们也要这样告诉自己的孩子，让孩子牢记太奶奶的教导。女儿们能这么想，我求之不得，也非常欣慰。

让我们一大家人都欣慰的是，最近几年，井冈山很重视发展红色旅游。为了纪念奶奶这位从井冈山走出的女英雄，政府在我们的老宅里布置了曾志生平展，供人免费参观。

我和哥哥石金龙、侄子蔡军仍然生活在井冈山，牢记奶奶的叮嘱，用自己的双手打造属于我们自己的幸福生活。同时，我们也都是干部学院的"教员"，按照学院的要求，定期为前来进修的干部们讲课，分享奶奶的传奇故事。也让他们知道，老一辈革命家的后代，在共产党的领导之下，在井冈山努力工作，幸福地生活和成长。

2020 年下半年，我在江西干部学院当了 8 年保安后退休了。如今，我每个月有 2000 多元退休金，悠闲自在地生活在井冈山，日子踏实而惬意。我也经常去奶奶的墓前，和她聊天，告诉她："奶奶，这盛世如您所愿！我也会牢记您的教诲，守在您深爱的这片热土上，继续讲好您的故事，清清白白做人，踏踏实实做事。"

（供图 / 石草龙）

缪伯英与父母弟妹合影，左一为缪伯英

我的姑姑缪伯英：
指引我们成长的明灯

受访者 | 缪纯组（缪伯英之侄） 撰文 | 缪纯组 周文平

缪伯英（1899—1929），别名缪玉桃，湖南长沙人。中国共产党第一位女党员。曾任中国劳动组合书记部女工部负责人、中共北方区委妇女部长、湖南省与上海沪东区妇委书记，是中国妇女运动先驱。

1919年7月，缪伯英考入北京女子高等师范学校学习。1920年年初参加了北京大学马克思学说研究会。同年11月，参加了由李大钊组织的北京共产党小组。1921年7月，中国共产党成立，缪伯英转入中国共产党，成为中国共产党第一位女党员。

1922年下半年，缪伯英任中国劳动组合书记部女工部负责人，在工人及其家属中宣传马克思主义。同年8月，遵照党组织决定，缪伯英被选为民权运动大同盟的筹备员，负责筹备北京女权运动同盟会，推动妇女争取政治上和经济上的平等权利。

1923年2月，缪伯英参与领导了京汉铁路北段的总罢工，并秘密主持编印《京汉工人流血记》等宣传品，揭露军阀政府残害工人的暴行。

1925年1月，缪伯英任中共湖南省委第一任妇委会书记，省妇女运动委员会主任。

1927 年 8 月，缪伯英前往上海开展地下工作。

1929 年 10 月，缪伯英在上海病逝，年仅 30 岁。

缪纯组，1936 年出生，缪伯英弟弟缪立三之子。湖南长沙有色冶金设计院退休高级工程师。

2021 年是中国共产党建党 100 周年，也是我姑姑缪伯英 122 周年诞辰。作为中国共产党第一位女党员，姑姑敢为人先，以身许党。虽然她年仅 30 岁就逝世了，但我相信，如果她看到中国共产党的辉煌成就，一定会非常欣慰。每次站在姑姑的遗像前，我都会在心底默默对她说："您和无数革命先烈的鲜血没有白流！"

伯英姑姑去世时，我还没有出生。我是长大后从父母的口中得知，自己还有一位大姑，为革命事业英年早逝。父亲口中的姑姑从小机智过人，是很多孩子的偶像。用现在的话讲，她不仅是妥妥的"学霸"，还是孩子们的"领头羊"。

真正让我产生心灵触动的，是 1959 年去北京参观中国革命历史博物馆。在一张北京共产党小组的合照中，我发现站在前排中间的姑姑。原来，姑姑为中国无产阶级革命特别是妇女解放事业作出过突出贡献。我意识到，姑姑及其光辉伟绩不仅是党和国家宝贵的精神财富，更是我们缪氏家族的荣耀。"缪伯英"这个名字，是指引我们后辈成长的明灯……

教育救国，薪火相传

关于姑姑的故事，我主要是从父亲、二姑和她贴身的工作人员缪文华那里听来的。

父亲缪立三曾和我讲起姑姑年少时的经历。姑姑之所以能成为中国共产党第一位女党员，成为中国妇女解放运动的先驱者，她的成长经历是与整个家庭影响与长辈的教育分不开的。“你爷爷最喜欢你姑姑了，她也着实让人佩服，学习成绩长年稳居第一名！”每次父亲讲起这个姐姐，眼中都满是自豪。

姑姑出生在一个清贫的知识分子家庭。我的曾祖父缪建侯因读过几年私塾，后来自学成才，粗通古文经书。中年时，在缪家洞缪氏“大祠堂”内开了个族办私塾，当起了教书先生，教孩子们学汉字、打算盘、读《百家姓》《三字经》《千字文》《增广贤文》等。他的私塾办得也很红火。当时，乡里还流传一段颇具民谣风味的俏皮话：“先生教我人之初，我教先生盘泥鳅……”

曾祖父从一个农民、木匠、风水先生，最后转型为一位私塾先生。他的拼搏奋斗与不断完善自我的进取精神，不仅为爷爷后来的教育事业奠定了基础，也对姑姑幼小的心灵产生了潜移默化的影响。

我的爷爷缪芸可是前清秀才。1899 年，他从岳麓书院毕业后，受维新变法思想的影响，开始反对八股取士的科考制度，竭力主张停办迂腐守旧的私塾，创办新学。

1900 年，爷爷先从自家“开刀”，说服并接管了自己父亲所办的私塾，并作为第一任校长，创办了长沙县东乡远近闻名的宗华学校。

十分难得的是，曾祖父的思想比较开明，认为爷爷办学方向更加“时尚对头”，继续留校当了 3 年国文老师才退休。经历这场教育变革，父子俩竟然相安无事。

多年来，宗华学校的校门两侧一直挂着一副对联：

卜居在飘峰影珠之间矍铄是翁争传樊仲流风古

讲学以濂洛关闽为主雍容儒雅犹忆程门立雪时

从这副对联可见，爷爷还真有点儿当仁不让的意味。

“飘峰依后幕，小华立前屏，宗华学校位其中，三民主义立本是吾崇。学子千秋涌！涌！涌！教育万岁奔！奔！奔！桃李满天下，开元办校建头功。”这首《宗华学校校歌》，当地老百姓耳熟能详，至今一些耄耋之年的老校友还能唱出来。我曾在宗华学校读过 6 年小学，由音乐老师领唱校歌的情景至今记忆犹新。

我相信，曾祖父和爷爷爱国忧民的情怀、勇于改革的精神与教育事业上的成就，对姑姑缪伯英爱国思想的形成起着至关重要的作用。姑姑在大祠堂读过两年私塾，1906 年，在宗华学校读小学。她既勤奋又聪明，学习成绩一直名列前茅，同学们都叫她“头名佬”。当时在乡下，父母一般不让女孩子读书，能读个小学毕业就到头了，但爷爷是一位开明的父亲。他 1904 年曾到日本考察，觉得与日本相比，中国的教育非常落后，于是回国后便走上教育救国的道路。爷爷一生办过 5 所学校，看到姑姑学习成绩那么好，他很欣慰，决定让姑姑继续升学读师范，将来做他的接班人。

姑姑没有辜负爷爷的期望，1911 年，以优异成绩从宗华高小毕业，成为同学们的榜样。爷爷很高兴，送给她一个金色化妆盒以资鼓励。我从小就很好奇，父亲为什么把一个女孩用的化妆盒像宝贝一样珍藏，原来，它是姑姑的遗物。这个化妆盒还曾为姑姑的革命事业作出过贡献。她在武汉和上海开展地下工作期间，经常要化装成贵妇。爷爷送的化妆盒出门时可以随身携带，用来化妆非常方便，所以派上了大用场。

爷爷想让姑姑读师范，正巧，他的好友凌容众从日本回国后，在平江县南三阳乡甲山村开办了启民女子初级师范学校。该校爱国教育理念非常突出，教育救国道路与爷爷的思想不谋而合。于是，爷爷便将姑姑送去就读。从这所学校走出过很多仁人志士，姑姑的人生也因此受到深远影响。

巾帼豪杰，见解独特

我最喜欢听父亲讲伯英姑姑小时候的故事，似乎总带有一种传奇色彩。“你姑姑不仅学习好，还很有主意。我和你二姑都叫她‘桃哥’……”

爷爷 30 岁方为人父，对第一个孩子格外喜欢，想为她取一个好听的名字。在那个重男轻女的年代，他不承旧俗，坚持男女平等。他想到伯、仲、季，伯是老大，说不定还会有个老二、老三呢，先取“伯”字再说。姑姑出生时没有哭，接生婆叶四娘认定她与众不同。爷爷对奶奶说：“既然叶四娘说我们宝宝不简单，生命顽强，定会不俗，还能一鸣惊人成为英雄，再用一个‘英’字，就叫‘伯英’吧！”

奶奶看着像花儿一样的女儿，又给姑姑取了个乳名叫“玉桃”。爷爷奶奶后来又生了缪仲英姑姑与我的父亲缪立三。

我的奶奶汤尚恒没多少文化，却是位勤俭持家的贤妻良母。爷爷常年在外奔波，奶奶带着 3 个孩子，还能把家里打理得有条不紊。

这也让姑姑从小养成了节俭朴素、做事勤快踏实的品德。她每天放学后的第一件事就是把水缸挑得满满的，然后才去做功课。

缪伯英故居枫湾门前有一口塘。有一天，姑姑到塘边洗菜，一片好菜叶不小心顺水漂走了，她舍不得便伸手去捞，不料失足落入水中。父亲当时正在附近玩儿，听到家里黄狗急促的叫声，跑过去一看才发现是大姐落水了，赶紧喊人！幸亏抢救及时，姑姑只是呛了几口水，身体并无大碍。奶奶知道了后怕不已，心疼地说："玉桃，你快把我吓死了！你怎么不晓得轻重，是命重要还是一片菜叶子重要？"谁料，姑姑理直气壮地回答："妈，这菜是我们好不容易种出来的，到手的东西怎么能浪费呢？"奶奶辩不过姑姑，把她紧紧地搂在怀里，生怕失去这个宝贝女儿。

姑姑是"明知山有虎，偏向虎山行"，身体养好之后竟想学习游泳。奶奶先急了："哪里有妹子学游泳的？"姑姑向母亲撒娇道："妈，时代不同了，你看爹办的宗华学校，我们妹子和伢子一样可以读书，将来都可以到外面做事，凭什么不让妹子游泳？"奶奶觉得也有几分道理。何况，无论自己说什么，女儿总有她的道理，奶奶辩不过口齿伶俐的姑姑，只能默许了。

从那以后，伯英姑姑不仅学会了"狗刨"，还很快学会了仰泳。有一次，奶奶在池边洗衣服时，棒槌不慎掉落到水里，被会游泳的姑姑捞了上来。一个女孩竟学会游泳，这在当时的农村极为少见。

伯英姑姑是一个非常节俭又吃苦耐劳的孩子。后来，她去长沙稻田师范求学，家离省城长沙有 120 来里路。每次回家，爷爷总是多给她一些钱，让她到白水站搭火车去长沙。她却舍不得买火车票，坚持一路走到学校，把省下的车票钱买参考书。这样的学生成绩不好才怪呢！

二姑还给我讲过一个故事。那是初春的一天，伯英姑姑带着弟弟妹妹到离家四里路的平江向家镇去卖米，回家经过缪家桥时突然风雨大作，三人便到土地庙中躲雨。他们的衣服已经淋透，年幼的父亲冻得直打哆嗦。

回家后不久，父亲就发起烧来，一夜未退。当时爷爷不在家，奶奶和来家中做客的五姨奶急得团团转，不知如何是好。当姑姑将在土地庙躲雨的事讲出后，迷信的五姨奶便立刻追问；“你们在庙里做过对菩萨不敬的事吗？”姑姑说：“没有呀！”童言无忌，二姑多了一句嘴：“三弟在庙里墙角撒了一泡尿。”五姨奶顿时大惊失色地说：“罪过！罪过！”便坚持要带父亲到土地庙向菩萨赔罪。

五姨奶当即请个人，用独轮车将还在高烧的父亲推到土地庙。她拖起有气无力的父亲跪下后，一连向菩萨磕了三个响头，硬是丢出了三次胜卦才罢休。姑姑在一旁看着病重的弟弟非常心疼。其实，她看出这三次胜卦的猫腻儿，五姨奶将两片卦合好将手放平后，用大拇指推着上卦，平平地扔到地上，自然就是胜卦，实属自欺欺人，但身为晚辈的她不便点破。

回家后又过了一夜，父亲不但没有退烧，反而烧得更加厉害，已有些不省人事了。五姨奶又怪菩萨没睁眼，兀自到堂屋神龛前烧香作揖，转而再求祖宗保佑。姑姑当即说：“这样不行！”之后一口气跑到十里开外的竹山铺，请回来当地颇有名气的李老中医。他把完脉摸了一下父亲额头后，低声说了八个字：“风寒入体，气血淤胸。”用现在的话说，就是“重感冒转肺炎”。他开了一个方子，抓了七服草药，父亲喝了个把星期便渐渐好起来。

迷信差点儿要了三弟的命，姑姑一气之下来到土地庙将香炉推倒，回家后还把五姨奶所藏的两片卦悄悄扔到后山水塘里。

二姑对我说："五姨奶知道是你大姑干的，只暗自说了声'作孽'。第二天便回家去了，以后再没来过咱家。"

保护弱小，心忧天下

伯英姑姑12岁时，二姑只有7岁，父亲才5岁。爷爷一心扑在教育事业上，一周才回家一次，无暇顾及家庭。奶奶虽把家务打理得井井有条，但毕竟是农家小脚妇人，在有些事上无能为力。所以"主外"的重担自然落在姑姑身上。伯英姑姑做人做事有一股"假小子"劲头儿，在弟弟妹妹眼中她更像哥哥。日子长了，很自然地将"桃姐"改称"桃哥"，整日跟在她后面。

不仅弟弟妹妹视她为"保护伞"，左邻右舍的孩子也都喜欢围着她转。孩童之间以大欺小、恃强凌弱的事时有发生，姑姑总是喜欢打抱不平，又能以理服人，对别人家的弟妹们也时有呵护，有个做"哥哥"的模样。一来二去，周围的孩子也都心悦诚服地叫姑姑"桃哥"，姑姑成了孩子们的"领头羊"。

父亲还给我讲过姑姑与村里的调皮大王"扒柴打码"对决的故事。乡下煮饭除了用少量劈柴外，主要靠烧树叶与枯草，上山扒柴就成了一些半大孩子的事。有一次，姑姑带着弟弟妹妹，还有同村的三个孩子一起到小华山扒柴。等姑姑背着满筐柴草到山下找弟妹们准备回家时，发现大家的柴筐竟然都是空的！

原来，他们的柴草都被一个叫"蔡四油子"的男孩以"扒柴打码”的游戏赢了去。“蔡四油子”原名蔡宝，曾与姑姑在宗华学校同班，后因两次留级而被学校勒令退学。他在家里好吃懒做，在村里调皮捣蛋，常干些偷鸡摸狗、结伙打架的事，谁拿他也没办法。

蔡四油子见有机可乘，便对姑姑喊：“扒柴打码啰里啰！”姑姑毫不示弱，回道：“蔡四油子，你敢跟本姑娘打码吗？”蔡四油子这才发现原来是老同学缪伯英。他心想：我读书读不过你，这把戏还玩儿不过你？！便满怀信心地说：“你就等着输吧！”

所谓“扒柴打码”，就是用三根竹耙子，将耙齿咬合搭成一个三脚架做靶子，在七步远处画一条线，用另一根耙子的把端做标枪，谁能将其射倒就算赢，赢家就把输家扒的柴收归已有。

姑姑想了想说：“你这七步距离太近，再加三步凑成十步怎么样？”蔡四油子不假思索地答应了。父亲在旁边看着，心都悬了起来。没想到才三个回合，姑姑就把他们所输的柴草全部赢了回来，然后分给大家。听父亲讲到这里，我也从心底佩服姑姑的足智多谋，她是故意打破对方习惯的七步打码距离，以增加胜算。蔡四油子也从心底服了姑姑，说道：“读书我早就服你了，没想到这把戏也会输给你，我也叫你‘桃哥’吧！”姑姑耐心地对他说：“他们比你弱小，你应该帮他们扒柴才对，怎么不仅不帮，反而还敲诈他们呢？摆明了胜之不武，你就不难为情吗？人应该自食其力才对！”接下来，又给他讲了“老吾老以及人之老，幼吾幼以及人之幼”的道理。蔡四油子被感化了，连连点头。

从此以后，姑姑带头称呼他的真名蔡宝，还动员已辍学一年的他重返校园，并且说服爷爷同意继续让他回宗华学校读书。浪子回头金不换，后来，蔡宝真的成了蔡家的宝贝，从宗华小学毕业后，以优异成绩考取了福临铺的开物中学，后来还考上长沙广益中学读高中。姑姑就是这样一个人，喜欢帮助别人，喜欢打抱不平，更喜欢不断向上求索。

姑姑思想活跃，勤学好问，1911 年曾在平江启民女子师范学校读书。国史老师方维夏是一位爱国人士，曾是毛主席就读第一师范时的国史老师与良师益友。当方老师讲戊戌变法百日维新时，她非常感兴趣，问老师怎么看待戊戌变法、变法为什么会失败？方老师一一回答后，她又接着问："那教训是什么？"方老师告诉她："看来，要救中国靠改良运动是行不通了，必须推翻其反动统治才行。"姑姑还追着不放："那靠什么来推翻呢？"方老师回答："依我看，那只能再靠一场自下而上的新的社会变革了。"姑姑最后问道："那我们今后要如何做呢？"方老师凝视姑姑片刻，最后说："这就是一个需要我们大家，尤其是你们这些有志青年今后深入探讨的问题了。"这个大大的问号，从此一直深深刻在少年姑姑的脑海中。

缪伯英在平江启民女子师范学校（1911年）

父亲说，姑姑遇到关键问题，总是喜欢打破砂锅问到底，然后一直寻找这个答案。

敢为人先，以身许党

1915 年，伯英姑姑以优异成绩从平江启民女子初级师范毕业，秉承父志转入湖南省第一女子师范学校，后更名为稻田女子师范学校。

该校名师荟萃，先后有徐特立、周谷城、周士钊、田汉等名师与学者教学。姑姑在这里接受了民主革命与新文化思想的洗礼，为今后进一步追寻救国救民的新途径打下坚实的基础。

从稻田师范毕业后，1919 年 7 月，姑姑又以长沙地区第一名的优异成绩考入北京女子高等师范学校深造。在北京，姑姑经常到儿时的玩伴杨开慧家里玩儿。杨开慧的父亲杨昌济先生和爷爷缪芸可是长沙县清泰乡（现开慧乡）同乡、岳麓书院同学、志同道合的朋友，也都是湖南德高望重的教育家与爱国知识分子。姑姑和杨开慧也是情同姐妹的闺密。父亲说过："小时候，杨开慧看你姑姑毛笔字写得好，也要学，你爷爷便手把手教她。他都没有如此教过我，我所掌握的写字要领，主要是通过旁听学来的。"最初，父亲并不知道杨开慧的名字，一直叫她"霞姐"，后来从她写的字中才得知。爷爷对杨开慧的教导比亲儿子还上心，可见两家的交情之深。

姑姑到北京后，杨昌济先生从生活到思想上给予姑姑无微不至的关怀。更重要的是，通过他的引荐，姑姑还结识了李大钊先生，和杨开慧一道做了他的校外学生，增加了许多直接聆听先生教诲的宝贵机会。特别是在中国如何开展妇女运动与最终实现妇女解放等重大问题的理论探讨上受益匪浅。

姑姑在杨开慧家还认识了毛泽东。经他介绍加入"湖南同乡会”，并在那里认识了何孟雄。后来，她跟毛泽东、杨开慧、何孟雄等同乡会的同学们，代表湖南学生参加向北洋政府游行示威与请愿活动，展开驱逐北京教育总长彭允彝的斗争。

来北京后，姑姑越来越感到，在腐朽无能政权的统治下，单凭教育是无法改变国家与民族命运的。当时的北京大学是新文化运动中心，在五四运动新思潮的影响下，各种社团纷纷涌现。其中，最有影响力的就是由李大钊、蔡元培、陈独秀、胡适等 17 人联合发起的将理想、教育与职业合一的“北京工读互助团”。追随李大钊先生的姑姑怀着对“没有剥削，没有压迫，自由博爱，人人平等”的社会向往与理想追求，和何孟雄一起参加了北京工读互助团。

由于姑姑早年在爷爷所创办的长沙衡粹女子职业学校培训过半年，已掌握裁剪、缝衣、浆洗与织补等技能，在此便有了用武之地。通过她的传授，在四个工读互助组中，姑姑领导的“北京女子工读互助组”办得最为红火。

姑姑在经营女子工读互助组的同时，还如饥似渴地学习《共产党宣言》等科学社会主义著作，《新青年》《前锋》等共产党人的早期刊物尤其让她爱不释手。姑姑还经常到北大聆听李大钊先生有关“唯物史观”“工人国际运动”“科学社会主义”与“女权运动”等课程与讲座，成为李大钊先生的得意学生。

1920 年 3 月，在李大钊先生的引导下，姑姑与何孟雄、邓中夏、高君宇等 19 名热血青年发起组成了“北京大学马克思学说研究会”。他们广泛收集并深入系统地研读了《共产党宣言》《资本论》等经典著作。在工读互助组解散后，他们的思想逐步转变到马克思主义立场上来。

同年 10 月，李大钊先生发起成立“北京共产党小组”时，由于几名无政府主义者的退出，从“北京大学马克思学说研究会”成员中挑选了邓中夏、何孟雄与高君宇等几名男生作为发展对象外，在研究需要吸收一两名女生时，他最先想到姑姑。

李大钊先生在北大红楼密约姑姑问：“你愿意加入北京共产党小组吗？我愿意做你的入党介绍人。”姑姑斩钉截铁地回答：“我愿意。谢谢先生！”他点了点头，说：“恭贺你，缪伯英同志，你成为中国共产党的第一位女共产党员了。”听罢此言，姑姑兴奋不已。李大钊先生问道：“入党固然光荣，但使命重大，而且真要有流血牺牲的思想准备，你真的考虑好了吗？”姑姑坚定地回答：“既以身许党，就义无反顾一往直前，为无产阶级革命事业贡献一生，奋斗到底！”

姑姑作为中国共产党的第一位女党员被光荣载入史册。

革命战友，英雄夫妻

入党后不久，姑姑也收获了美好的爱情。姑父何孟雄是她的革命战友，两人惺惺相惜，志同道合。1921 年秋，在北京景山西街中老胡同五号，两人举办了婚礼。李大钊先生在新婚致辞中，表彰了他俩在学生与劳工运动中的卓越成绩，称赞他俩是党内的一对“英雄”夫妻。缪伯英的“英”与何孟雄的“雄”合一起不正是“英雄”吗？“英雄夫妻”名副其实，一时被传为佳话。

“你姑姑和姑父还共同刻了一个藏书印章来纪念他们的婚姻。”父亲把姑姑和姑父珍藏的三本《前锋》杂志交给我保管，我发现杂

缪伯英与何孟雄在北京（1921年）

志扉页上盖有“伯雄”的印章。原来，这背后还藏着一个美好的爱情故事。

结婚后，姑父对姑姑说：“我俩珍藏了不少书籍与期刊，那就共同刻一个藏书的印章吧！”姑姑大笑：“英雄所见略同。我们想想用一个什么共同的名字呢？”姑父说：“你刚刚不是说‘英雄所见略同’吗，何况大家都说我们是‘英雄’夫妻，就取名‘英雄’吧！”姑姑立刻反驳道：“那可不行，这是大家恭维的话，也是对我俩的鼓励，我们自己可不能当真。不如用‘伯雄’吧！”姑父特别欣赏姑姑的谦逊，爽快地答道：“好，叫‘伯雄藏书’，就这么定了！”他们后来在所收藏的《新青年》《前锋》刊物与英国哲学家罗素的《心之分析》和《社会结构学》等书籍上都盖了“伯雄藏书”的两寸见方的红色大印。后来，我把这些父亲交由我保存的书籍全部捐献给了上海龙华烈士纪念馆。其中三册早期党刊《前锋》杂志还被评为“国家一级文物”。

为了永久地珍藏与纪念，我还为此“伯雄藏书”印鉴赋诗一首：

一似鸳鸯四野居，两情相悦共藏书。
书中信有平民屋，见未今朝广厦无。

姑姑、姑父在北京景山西街中老胡同五号安家后，这里便成了党组织的地下联络站。陈独秀从上海赴莫斯科参加共产国际“四大”，取道北京时就住过姑姑家。

中国共产党第一次代表大会后，中共设立了北方区委，李大钊担任书记，经他推荐，姑姑成为首任妇女部长。1921 年 8 月 11 日，中共中央在产业工人较为集中的上海成立了“中国劳动组合书记部”，姑姑任秘书兼女工部部长。它是党直接领导全国工人运动的总机关。由于当时北方是工人运动中心，1922 年下半年，书记部迁到北京。女工部即妇女工作部，任务就是要发动与组织包括女工在内的全国广大妇女参与或支持工人运动。因此，姑姑不仅是中共第一位女党员，还是我党直接负责开展全国妇女运动的首位早期领导人，不愧为中国妇女运动的先驱。

1922 年 8 月，姑姑遵照党组织决定，开展党外联后阵线的统战工作。她以中央“民权运动大同盟筹备员”的身份直接筹备并成立了“北京女权运动同盟会”。不久又南下指导成立了“女权运动同盟南京分会”。从北到南力求把全国广大妇女团结在党的周围，积极开展女权运动，并与工人运动结合起来，以期通过社会变革来最终实现妇女经济和政治上的平等权利。这不仅壮大了工人运动，而且为女权运动指明了正确的方向。

1924 年，姑姑从女子高等师范毕业后，南下湖南、湖北、上海三地从事革命斗争，同时还兼职教师。这不仅掩护了自己的革命身份，也在一定程度上传承了爷爷缪芸可教书育人的事业。她在湖南省女师附小任教时，受地下党员欧阳笛渔之托，安排童养媳出身的余甲男在女师附小继续读书。

姑姑在生活和学习上都对她倍加关怀，看到余甲男写的《我的痛史》日记后，写下批语："望以青年有为之日，兼秉中人以上之资，苟能艰苦卓绝，勇往直前，则女娲石也，精卫沙也，愚公之子子孙孙也。天可补也，海可填也，天下事何遂不可为乎？"这段催人奋进、文采飞扬的文字堪称金玉良言，所展现的豁达襟怀与远大志气，至今激励广大青年追求进步，有着非常现实的教育意义。姑姑写过很多文章，但保存下来的却很少。每每看到这些宝贵的文字，我都会热血沸腾。

在那段白色恐怖岁月，姑姑和姑父一直进行地下工作，从不敢暴露身份。据父亲讲，1927 年 8 月，姑姑从武汉调往上海，姑父和她分别担任沪西区委书记与沪东区妇委书记，旨在恢复被敌人破坏殆尽的党组织，重新聚集力量开展新的斗争。姑姑途经长沙时，怕连累家人都没有回家，只给父母送了一封告别信。

就在当年 5 月，湖南国民党反动军官许克祥发动了镇压共产党人的"马日事变"。看到这个悲惨结局，爷爷深知女儿和女婿这次是带着"壮士断腕"与"一去不复还"的决心去战斗的，这无异于面对敌人的屠刀、迎着腥风血雨去履职。但是，他没有拖孩子们后腿，还鼓励他们勇往直前。

年近花甲的爷爷奶奶带着父亲赶到火车站送别姑姑全家。奶奶把自己的狐皮外衣和珍爱的金色小化妆盒送给姑姑，爷爷则把自己赴日本考察时订制的一件虎皮大衣披在姑父身上。他们抱过外孙何重九亲吻后，才让一家三口上车，直到火车驶离，还舍不得离开。听父亲讲述当时与姑姑离别的场景，我不免心酸。可怜天下父母心，一家老小对党与国家的赤诚之心，天地可鉴！这也是家人见姑姑的最后一面。

众所周知，新中国成立后姑姑被定为烈士。但她的死因始终是一个疑团。她既不是在战场上牺牲的，也不是在敌人的屠刀下就义的，那究竟是如何去世的呢？2000 年，我专门拜访了曾在姑姑身边工作的缪文华。

当年，姑姑和姑父在湖北工作时，因为身边带着一岁多的重九，爷爷便派族人缪位荣和缪文华父子跟随姑姑到汉口，本意是让父子俩照顾女儿的生活，没想到父子俩先后被姑姑发展成了地下党。据缪文华回忆，姑姑到上海工作 4 个月后，又生下女儿小英。她当时化名廖慕群，以教师的身份做掩护在华复中学教书，还要在敌人的白色恐怖中开展地下斗争。由于工作环境险恶与生活条件艰苦，身体渐渐虚弱多病，每况愈下。

1929 年 10 月初的一天上午，缪文华父亲缪位荣把从交通员手中接到的纸条送到姑姑家中。纸条上的内容是通知姑父下午三点到同益酒店与某县委书记接头，商讨改组县委与如何开展农民运动事宜。姑姑也要去沪西区妇委开会，两人便结伴而行。

缪伯英抱着何重九在长沙（1925年9月25日）

半路上，两人发现有暗探尾随。为掩护姑父安全脱身，姑姑决定引开暗探。她知道此举自己凶多吉少，情急之下，一把扯下外衣的三粒纽扣塞到丈夫手中，然后朝另一个巷口跑去。为了摆脱暗探，她跳入城区一条小河藏在桥墩后。确认敌人走了，她已在冰冷的水中泡了一个多小时。姑姑双脚发抖地爬上岸后已再无力气，几近昏厥。

缪文华回忆："当我们把她拉回家时，她一直高烧不退。郎中诊断为'寒湿伤脾入肺，重感冒转了肺炎'，吃了几服汤药后仍不见起色。两三天后，郎中让我们准备后事……"当全家人几近绝望时，次日傍晚，姑姑突然清醒了，还吃了半碗油米饭。

又昏睡一晚后，姑姑可能感觉自己快不行了，拉着姑父的手留下临终遗言："既以身许党，应为党的事业牺牲，奈何因病行将离世，未能战死沙场，真是遗憾终身。孟雄兄，你要坚决与敌斗争，直到胜利。"她还特别叮嘱丈夫："你若续娶，要能善待重九、小英，使其健康成长，以继我志。"姑姑去世时，年仅 30 岁。

我当年是流着泪听完姑姑的全部故事的。她最后留下的遗物"三粒外衣扣子"和吃最后一口饭时使用的那只"浮雕花饰碗"，后来被我父亲捐献给了上海龙华烈士纪念馆。

为了永久地纪念，我也为"三粒外衣扣子"作诗一首：

急扯随推塞孟雄，追来暗探转吾踪。
无需再系三衣扣，永敞心扉映日红。

我为"浮雕花饰碗"作诗如下：

下马中途漫笑痴，归西且向故人辞。
行前饭必加油炒，报到需追马克思。

姑姑就是这样以坚定而彻底的革命精神，悲壮地离开了她挚爱的党与家人。当时，奶奶刚去世一年。爷爷还未从丧偶的痛苦中走出来，又要面临痛失爱女的现实。他想见女儿最后一面，可在那个恐怖的岁月，连这个愿望也没能实现。他怀着无比悲痛的心情回到家乡继续教育事业，还为自己写了一副对联：

孤怀未展行吾素
一字无传即是贫

1931 年 1 月 18 日，姑父何孟雄被捕，两个孩子也一同被收监。2 月 7 日，他与其他 23 位共产党员及革命者在上海龙华英勇就义，史称“龙华二十四烈士”。姑父就义后，重九、小英至今下落不明，这一直是我们全家最大的遗憾。

时代的车轮滚滚向前，今日中国的繁荣昌盛让人欣喜。但我们不能忘记前人的流血牺牲，不能忘记共产党人无私忘我的革命精神。作为缪伯英的侄子，我感到非常骄傲，时常以姑姑为榜样，除做好本职工作以外，一直笔耕不辍。

我是湖南长沙有色冶金设计院高级工程师。退休后习写诗词，现为湖南省诗词协会与中华当代文学学会会员、世纪百家国际文化发展中心研究员、中国诗词家协会与中华诗词名家交流中心理事、中国诗书画家网艺术委员会副会长。已写作 2700 余首诗词，曾获过数十项／次全国性诗词大赛特奖或金奖。著有《纵横中国诗词集》。

我想凭这些诗，沿着姑姑缪伯英的初心与夙愿，来重点地、概

缪纯组在缪伯英故居（2020年）

要地表达出清末以来，中国民主革命、抗日战争、解放战争乃至新中国成立后的社会主义革命与建设的历史过程，尤其是改革开放以来的伟大成就，歌颂众多的社会精英，也包括姑姑缪伯英烈士在内的万千英雄人物。

在党的关怀与当地政府的努力下，2015 年我的家乡开慧镇飘峰山村枫树湾已改建为缪伯英故居。我为缪伯英故居题下这首诗：

重归故里话沧桑，未悔当年奔守常。
笑慰周边时尚屋，心安独我面泥墙。

我还为故居伯英纪念亭写了两副对联。

前柱联以“伯英”二字启头：

伯义昭先先聚先贤先建党
英才启后后迎后世后争雄

后柱联以乳名“玉桃”启头：

玉树临风建党功成归故里
桃花带露含情泪下湿飘峰

我也有一个幸福家庭。我们夫妇都很严格地教育与要求女儿缪尔佳和儿子缪尔宁夫妇学习与发扬姑奶奶的革命精神，努力为党和国家工作。他们也都未负所望，都是共产党员，也都在各自岗位有所成就。

缪纯组全家福（2009年）

1984年父亲去世后，我不仅要将姑姑与姑父的故事写出来，还刻意精心地保存了姑姑和姑父革命时期的近60件遗物与遗照，并亲手整理出1.56万字说明书全部无偿捐献给了缪伯英纪念馆，用活生生的文物与史料向世人展现第一位女共产党员的不朽人生。

以铜为镜，可以正衣冠；以史为镜，可以知兴替；以人为镜，可以明得失。姑姑为中国革命与妇女解放事业献出了壮丽的青春、宝贵的生命和美满的家庭。她用生命书写了“以身许党”为无产阶级革命奋斗到底的光辉业绩，值得后人缅怀与传颂。她是党和人民的优秀儿女，是我们家庭与缪氏家族的骄傲，更是我们人生路上的明灯。她的革命精神定将激励我们后人，继承烈士遗愿，不忘初心、牢记使命，为中华民族伟大复兴的中国梦砥砺前行。

（供图 / 缪纯组）

邵飘萍像

我的舅太公邵飘萍：
精神火种四代传承

受访者 | 胡漂 撰文 | 何欣洋

邵飘萍（1886—1926），原名镜清，笔名飘萍。1911年，邵飘萍与人共创《汉民日报》，开始了报业生涯。因反对袁世凯，三次被捕入狱。1914年，邵飘萍赴日本留学，与李大钊相识。1915年年底，邵飘萍回国，投身“护国倒袁”运动。1916年，邵飘萍任《申报》驻京特派记者，同年在北京创办新闻编译社。

1918年10月，邵飘萍创办《京报》，他亲自手书“铁肩辣手”四个大字，悬于编辑部。同时，他与北京大学校长蔡元培等一起创立北京大学新闻学研究会。

1921年中国共产党成立后，邵飘萍与李大钊领导的北京党组织密切联系，积极宣传马克思主义，支持工人运动。1925年春，经李大钊等人介绍，邵飘萍加入了党组织。

1926年，“三一八”惨案发生，邵飘萍在《京报》发表檄文，揭露反动当局罪行。自此，邵飘萍被反动当局列入黑名单。

1926年4月26日，邵飘萍被奉系军阀杀害。

1949年4月，毛泽东亲自批复，追认邵飘萍为革命烈士。邵飘萍用一生实践了“铁肩担道义、辣手著文章”的座右铭，用生命书写了一名共产党员的家国情怀。

胡漂，中共党员，杭州市萧山区第一人民医院感染科副主任、主任医师，萧山区第一人民医院驰援武汉医疗队队长，2020年获抗击新冠肺炎疫情浙江省三八红旗手、浙江省优秀抗疫感染科医师、杭州市巾帼建功标兵称号，2020年湖北省委、省政府授予其新时代“最美逆行者”荣誉称号，2021年获萧山区劳动模范；浙江省医学会肝病学专业委员、浙江省数理医学会肝病学专业青年委员，浙江中医药大学第三临床学院兼职副教授，浙江中医药大学临床教学基地兼职副教授；2018年被评为萧山区优秀医师，多次被评为院级优秀临床带教老师及科室先进个人，2018年获浙江中医药大学临床教师教学查房技能竞赛一等奖；2020年获杭州市优秀医师、萧山区优秀医师、萧山区十佳住陪带教老师。

“铁肩辣手”，侠骨柔肠

我的太奶奶叫邵新翠，邵飘萍是她的弟弟。邵飘萍先生是我爷爷的舅舅，也是他的老师、领导，是对他影响最大的人，更是我一生最敬仰的人。

邵家是东阳本地的儒生之家，虽然有些没落，但依旧称得上颇有名望。每逢新年，东阳家家户户都会请当地有名的能工巧匠到家里做一批新的家具、衣物、用品。我的太爷爷胡银奎是远近闻名的竹匠师傅，年轻有为。邵家邀请他到家里做一批新的竹篾席、竹椅、竹扫把，由于工期比较长，太爷爷在邵家住了十几天，在那段时间里，他与太奶奶相恋了。

那个年代十分讲究门当户对，但邵家老爷——邵飘萍的父亲却破天荒地同意了这门亲事，他看好太爷爷人品好、手艺佳，亲自做媒将太奶奶许配给他，于是便有了我的爷爷。

我爷爷姓胡，名纪松，号化石，1906 年出生于浙江金华，是家中独子。虽为独子，但爷爷却没有享受到万千宠爱，反而命途多舛：7 岁时，太爷爷患病去世；8 岁时，太奶奶邵新翠改嫁，我爷爷只能被寄养在祖父家。爷爷小时候没有见过邵飘萍，因为那时太奶奶已从胡家改嫁，但爷爷却一直受着邵家庇佑。邵家担心我爷爷孤苦无依，便千辛万苦寻了一户人家抚养他。这户人家不是别人，正是在当时的永康县赫赫有名的应爱莲家。

应爱莲是一位奇女子，大家都亲切地叫她“莲子”，她自小反抗包办婚姻，1927年就加入中国共产党，是永康最早的女共产党员之一。1927年四一二反革命政变后，应爱莲担任农民运动指导员，发动组织农民开展农民运动，是一位坚定的革命分子。爷爷胡纪松受她的教育，从小便接受了先进的文化思潮熏陶，养成了正直、勇敢、坚强的品格。

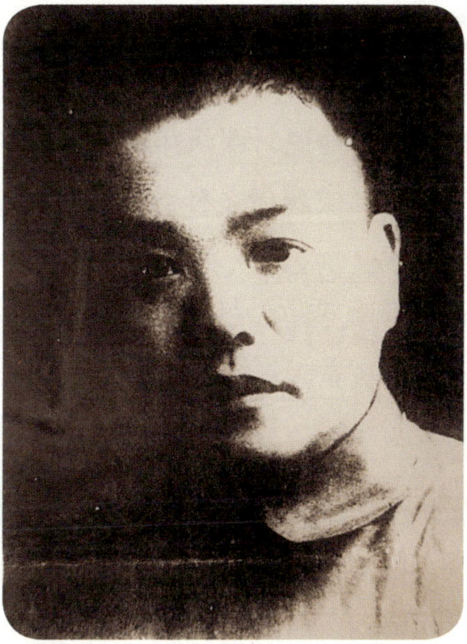

邵飘萍的外甥、胡漂的爷爷——胡纪松

1909年，舅太公邵飘萍从浙江省立高等学堂毕业后，在金华本地当老师，同时还兼任《申报》的特约通讯员。1911年，舅太公辞去教师职务，到杭州发展，与新闻界前辈杭辛斋联手创办了著名的《汉民日报》，以笔为枪，抨击社会丑恶现象。

1913年，《汉民日报》因抨击袁世凯遭封，舅太公转赴日本留学。1915年年底，从东京法政大学学成归来的舅太公返回上海，反帝反封建的初心不改，同时任《申报》《时报》《时事新报》三报主笔，继续发表抨击袁世凯、抨击军阀的文章。

1916年，邵飘萍被上海《申报》社长史量才派驻北京，以中国新闻“特派员”的身份在反动军阀统治中心战斗，他因此成为中国新闻史上第一个享有“特派员”称号的记者。后来，舅太公干脆自筹资金创办《京报》，他还大笔一挥，亲手写下“铁肩辣手”四个大字，挂于编辑室墙上，与报社同事们共勉。

严格地说，邵飘萍是我爷爷的舅舅、领导，也是他的老师。由于应爱莲家物质条件有限，我爷爷直到16岁还没能进正式学堂读书，邵家便又托人送他到一家商店当学徒。后来邵家与刚满16岁的爷爷商量：“你知道吗？你在北京有个舅舅，在《京报》当社长，你要不要到北京找他？你没有上过学堂，在永康没有出路，没有机会，你也到了可以谈婚论嫁的年纪，不如去求他帮帮忙？”爷爷就这样背起行囊踏上了北上之路。

据爷爷说，当时他只是想来找这个素未谋面的舅舅借点儿钱回家娶媳妇，但舅太公见到他后却异常欢喜：“你想要娶媳妇的聘金，我当然可以给你，我办报馆是有稿酬可赚的。但是，年轻人就要学习文化和知识。你这孩子眉清目秀、聪明伶俐的，不要回去了，留在我这里吧！我来教你读书习字！”

于是，舅太公特地在自己的寓所里腾出一间书房给爷爷平日自学读书用，还在每日繁忙的工作之余，挤出时间亲自给爷爷授课。爷爷就这样懵懵懂懂地被舅太公留在北京，在《京报》里当练习生（也就是现在的实习生），舅太公一边教他文化课，一边日日督促他练字。时有文章、报道，舅太公就手把手地教他写、改、编。爷爷学得如饥似渴，凭借聪明的头脑和不懈的努力，他练就了一手好字，也掌握了一身写文章的好本事。爷爷记得，舅太公总是跟《京报》的同人们强调：“（报道）必从政治教育入手。树不拔之基，乃万年之计，治本之策。必使政府听命于正当民意之前，是即本报之所作为也！”

舅太公创刊初时的《查办吴佩孚》《敬告某某两派》《匪与督军》《武人与政客》等报道以系列、集中式的方法刊载，《京报》最高日发行量达6000份，成为当时北京地区发行量最大的报纸，也成为揭露政治腐败，为民众呐喊，使反动军阀望而生畏的革命舆论阵地。

爷爷到北京的时候，京报馆已经迁到了魏染胡同30号，舅太公家就住在相邻的32号。报馆的编辑部在二楼，有条小通道能连通到32号，舅太公工作到凌晨一两点钟下班时，就走这条小通道回自己家，而爷爷的工作和生活区域，就在魏染胡同里。

我没有见过舅太公，但据爷爷奶奶描述，舅太公总是戴一副圆形金属框眼镜，穿一身斯文深色长袍、一双朴素皮鞋，爱抽烟斗、揣怀表，看起来是个标准的儒生身形，甚至有些弱不禁风，但他的风骨硬如钢铁，不会被任何强风所摧。

舅太公对爷爷的影响是深远的。他的文采、他的精神、他的信仰，是爷爷毕生崇敬的偶像。“报馆可封，记者之笔不可封；主笔可杀，舆论之力不可蕲！”爷爷本想着，就这样一辈子追随舅太公执革命之笔、燃革命之火。然而，1926年4月国民军败走，奉系军阀进入北京，舅太公知自己处境危急，22日，他在《京报》上发表绝笔，24日遭好友出卖，在报馆附近被捕。26日，舅太公被枪杀的消息传来，爷爷惊慌失措、痛心不已。经过多方努力，舅太婆汤修慧与报馆同人、爱国学生及社会各界人士找到舅太公的遗体后掘出并重新安葬，爷爷帮着料理完舅太公的后事之后，匆匆回了永康。

里仁守正，家风传承

舅太公邵飘萍的逝去是突然的，爷爷在伤心之余，传承红色革命精神的信念犹如一团火焰，在他的脑海中熊熊燃烧。

回到永康后，爷爷重回养母应爱莲家，在永康县城里的思明小学当语文老师。1932 年，应爱莲开始担任中共永康县委委员、妇女部长。抗日战争期间，她遵照中共永康县委指示参加国民党保长竞选，成为永康第一位女保长，为中共传递消息。1937 年，应爱莲安排爷爷进了永康县政府的司法科，爷爷就此成为中共地下党的一名通讯员。永康市武义巷 11 号是当时爷爷工作的地方，他一边表面上为国民党卖力工作，一边暗地里为共产主义事业保驾护航。

成功的事业离不开家人的支持，爷爷和奶奶的爱情也充满了传奇的革命色彩。当爷爷还在京报馆里工作时，有一年回乡度假认识了奶奶周秀莲。奶奶是永康县里一个大户人家的小姐，精通女红刺绣，后来在袜厂里当纺织姑娘，但大字不识几个。有趣的是，封建大户人家出身的奶奶却是那个年代少有的独生子女，家里虽对她宠爱，却不在思想上束缚她。遇到爷爷之后，奶奶倾慕他的才华，一心要嫁与他，奶奶的父母也没有阻拦。

于是，爷爷又一次返乡时，匆匆与奶奶成婚，之后便返京继续工作。舅太公仔细看了外甥与外甥媳妇的结婚照后，高兴得合不拢嘴，他提笔给奶奶起了一个寓意深刻的新名字：周淑慧。直到惨变发生，舅太公去世，爷爷和奶奶才被迫结束了异地夫妻的生活，重新团聚。爷爷告诉奶奶，舅太公送了她一个新名字，赞她“贤淑聪敏”，奶奶心里更是对这位未曾谋面的长辈充满了敬仰和感激之情。

婚后，爷爷在奶奶娘家附近的小巷子里租房搞革命工作，奶奶在照顾家庭之余，也跟着一起帮忙传递消息，大户人家的小姐就这样当起了妇女交通员。在爷爷和奶奶的帮助下，永康的中共地下党成员曾 3 次成功逃脱国民党反动派的追捕和扑杀，在这当中，爷爷对重要情报的辨识能力和奶奶临危不乱的应变能力起到了至关重要的作用。

1942 年，日军打进了浙江，烧杀抢掠、无恶不作。为了保住家庭，爷爷和奶奶带着年幼的 5 个孩子躲回了永康市唐先镇岩洞口村的祖宅里。1946 年，永康县的第一任县长应飞（应爱莲的女婿，后任上海市粮食局党委书记）将爷爷安排在仙居县检察院当主任书记官。由于在舅太公身边受过系统的笔头训练，爷爷的写作和速记功力是一般人比不了的，有人曾经感叹说，就没见过用毛笔写字那么快的人。而他记录完的案件，基本不用再次整理，又快又好，简直赶上机器印刷了。

爷爷的性格也与舅太公颇有几分相像。对待老弱无辜者，他以一万个热情和怜悯相扶相救；而对恶霸无理者，他用一万个疾恶如仇重拳出击。在检察院工作的那些年，爷爷的刚正不阿得罪了很多人，多少人想要把他案宗上的那杆秤的指针掰向自己，他全都拒绝并严厉呵斥，坚决不受贿、不偏私、不向强权弯腰。他心中，还燃烧着他的启蒙老师舅太公当年留下的那颗火种——坚信人民的力量，坚信正义的力量。里仁守正，爷爷从那时起，便这样以身作则地教育自己的孩子们。

新中国成立在即，但匪患还没有消除殆尽。爷爷家的老宅在乡下，奶奶和尚且年幼的伯伯们一直在遭受土匪的骚扰，爷爷在仙居县城里工作，对家里的照顾时常有不周到的地方。不忍妻儿受苦，1949 年 4 月，爷爷终是辞去了工作回归田园，跟奶奶一起扛起了照料家庭的责任。家和国，爷爷都想兼顾，之前为国家的革命事业奋不顾身 20 多年，也该是为自己的小家着想的时候了。

虽然我对爷爷的印象已经十分淡薄了，但每当在老宅的墙上看到爷爷的老照片时，都不禁感叹：“真是个大帅哥啊！”剑眉星目、灼灼有神，与网上流传的舅太公邵飘萍的照片相比，他们两个人神态间那呼之欲出的文人气息尤为相像，像竹、像松、像柏，傲骨长青。

每当奶奶提起爷爷，眼中的骄傲都闪着光：“你爷爷是共产党人，是有文化的人，是勇敢的人，那个年代，地下党的工作，一般人搞不来的！”我的奶奶 94 岁去世，而我的爷爷 49 岁就走了，我父亲说：“一个文弱的读书人，扛起了 8 个孩子的一大家子，怎么能不累呢？”回乡养家的爷爷，放下了案宗与毛笔，拿起了锄头和爬犁。新中国成立后，爷爷又参加了土地改革，负责清查田地登记和造册工作，其实这些都是村里请爷爷义务劳动，因为他是这里稀有的文化人。爷爷义不容辞，白天帮村里记录整理，晚上就加班加点地干农活儿，对他人的求助，爷爷从不轻易说一个“不”字。

6 年超负荷的劳动让爷爷瘦脱了相，他太累了。爷爷去世的时候，瘦得只剩下一把骨头。每每回忆起这些，伯伯们都会泪湿眼眶：他们的父亲为国、为家、为革命、为正义、为群众操劳了一辈子，却没来得及享到半点儿清福便匆匆离去。我知道这些泪水里有感慨、有赞美、有心酸，也有不忍，但爷爷是一直在为他所爱而奋斗着，他爱这个国家，爱他的事业，也爱他的家庭，他付出的一切都得到了应有的回报。

1949 年，舅太公邵飘萍被正式追封为革命烈士，毛主席到晚年仍然称自己“是邵飘萍的学生”。1986 年，中共中央组织部正式确认舅太公邵飘萍的中共党员党籍。原来，舅太公早在 1925 年就经李大钊、罗章龙的介绍加入了中国共产党。但他是“秘密党员”，由党的高级领导直接介绍入党，与个别领导人保持单线联系，肩负着特别的工作任务，以新闻人的身份做掩护，为组织做舆论宣传和提供情报。虽然爷爷没有看到这一刻，但身为邵飘萍的后人，身为爷爷的后代，我深以为，这一切对我们家族来说，就是无上荣光！

不怨不馁，奉献无悔

爷爷和奶奶一共有 8 个孩子，早在爷爷被调回仙居县检察院工作时，大伯、三伯就被带到仙居县城里接受教育了。我的父亲在男孩里排行老四，便和五叔一起留在乡下与奶奶一起生活，而当大伯、三伯相继毕业工作后，六叔与七叔到了上学的年纪，于是他们也被带到城里，由哥哥们抚养。

我的父亲就这样留在了母亲身边，成了农村娃，他高二时便辍学帮助母亲料理农活儿、照顾弟弟。我的大伯毕业后参加了抗美援朝战争，光荣回乡，其他的叔叔伯伯也在各个领域有所建树，只有父亲和五叔在村里生活了一辈子。

虽然父亲由于各种原因耽误了发展前途，然而在我印象中，他很少计较、抱怨，反而一直用包容、奉献的精神鼓励身边的人积极面对困境。除了帮村里经营集体企业，父亲还当了一辈子村会计，

胡漂医生的父母

负责整个村的财务管理，出纳、核算、清缴……这些细碎庞杂的活儿他都包了下来，一分酬劳不拿。改革开放之后，他又开始在乡里办自己的企业，行政、财务、销售、管理一把抓，要忙的工作成倍增加。父亲做事细致谨慎却雷厉风行，由于他天天忙里忙外，四处奔波，跟长了“无影脚”一样，我们在家根本看不清他的步伐。

“就没见过这么忙的人！”家人这样描述父亲，都觉得父亲身上这股拼劲儿和闯劲儿最像爷爷，没点儿思想境界真撑不下来。“您都 70 多岁了，差不多也该歇歇了吧？村里也没给您钱！”有时候我也着急，跟他抱怨。但父亲坚持到前年才正式辞去了村会计的职务，开始了“退休生活”。他回答：“可是村里的老支书信我啊，别人他信不着，那么，我不干谁干？为集体财务作贡献，这担子我能说卸就卸吗？”

我有点儿语塞，这话真是似曾相识。舅太公是铁肩担道义燃革命之火，我父亲是脊梁担责任解乡亲之困。父亲年轻的时候，是乡里为数不多的读书人，乡里的人若有外地家书寄来，定要找父亲读出来听，有的人一遍听不够，还会央求父亲读许多遍。父亲虽公务缠身，但每逢有人上门来求解家书，他一定会用一百个耐心对待。给别人读完之后，还会仔细问人家要回什么内容，再把那些家长里短工工整整地誊在纸上帮村民寄出去。

父亲知道，在战乱年代就是“烽火连三月，家书抵万金”，他也曾与爷爷分隔两地，那些年的胡氏家书里，藏着的是满满的挂念和爱。即使他因为爷爷的无奈之举，失去了进城发展的机会，但他没有埋怨过爷爷，更不曾气馁绝望，他用自己的努力在农村也闯出了一片天。

父亲对我们的教育比较严格。我有一个姐姐，还有一个弟弟，小时候我们都在乡村里生活过，那段淳朴天真的日子至今都难以忘怀。我们家地里经常会种很多果蔬，勤劳的父母从来不肯让任何一片地荒着，但我们却经常发现有些果子还没成熟就被人摘走了，把我们三个小孩子气得牙痒痒。大概每个村里都会有那种好吃懒做的人吧，喜欢不劳而获、顺手牵羊。我们坐在一起琢磨了各种办法去“侦查”“对付”甚至“报复”，但父亲却制止了我们：“咱们村各家的菜地挨得近，也没分隔，邻居摘错了也是有可能的。而且万一有人家今年遭灾、生病了，我们那点儿东西就当救济他们了，谁还没有个困难的时候呢？不要故意为难别人！”

我们只得作罢。然而，父亲在这件事上采用双重标准，虽然他不介意别人偷摘我家的，但如若是我们三个谁敢顺手占了别人家的便宜，父亲肯定会大发雷霆。“我们只吃我们的，别人的是别人的，你们碰一指头都不行，误摘了也要补偿回去！”一开始，我们都很委屈，觉得太不公平了，但长大一些我们才明白父亲的教育道理：勿以善小而不为，勿以恶小而为之。他鼓励我们多多理解别人的苦楚，但也要多多反省自己的言行，拒绝所有恶习。父亲是在用一言一行实践着传承了四代人、近100年的好家风——里仁守正：对他人施以仁心，对自己保持正直。

像舅太公和爷爷一样，父亲对很多事情的看法都很独到，是个很有眼光的人。受父亲影响，我们三个从小就对自己的学习成绩高度负责，十分努力，成绩也都不错。高中毕业时，我在院校的选择上犯了难，便求父亲一起来商量。父亲郑重地跟我说：“孩子啊，你现在有机会脱离农门，自当有另一番更广阔的天地。你是个女孩子，爸爸舍不得你面朝黄土背朝天，去当个医生也不错，这样的工作越老越吃香，而且还催你一辈子学习。目光要放长远些，多学知识、多进步……”

当时的我还小，没法完全理解父亲这番话的境界，只是觉得治病救人挺酷的，就听了父亲的话。如今我已经40多岁了，现在看来，父亲的话一一应验，当医生确实很“香”，因为我越学习，便越觉得自己需要成长；越积累，便越觉得活得有价值。而我的家风变成了我的信念，对人仁慈、对己严格，正是身为一名医者应该有的素质。

侠义精神，代代相传

我未曾有幸见过舅太公英姿飒爽的模样，但小时候，经常听我奶奶、爸爸和伯伯在家里说起爷爷胡纪松与舅太公邵飘萍的亲情故事。自我懂事起，奶奶就很少住在乡下家里，她平时大多数时间和伯伯一家住在城里。偶尔回乡下，奶奶收拾房间时，我就会跑到她房间帮她掸灰尘、擦桌子。每每想念爷爷时，奶奶就会拿起挂在墙上的爷爷的遗像，注视着、抚摸着，然后在我们一众小辈面前不住地夸赞。“你爷爷生得俊俏的，你爷爷的舅舅也俊俏的！他们都是大才子，都是很好的人，咱们可要好好记住他们的！”

之前有记者采访时说我：“你有一个女侠般的名字，更有着女侠般的豪情。”我的名字叫胡漂，而我的舅太公笔名叫邵飘萍，我们的名字看起来好像没有“根”，却有着旺盛的生命力。

浮萍虽无根入土，随波浪浮沉，但它依旧绿意盎然，生机勃勃，就像我的舅太公邵飘萍，从东阳“飘”到北京，以血荐轩辕，助革命之火熊熊燃烧。而我生于永康，现在在杭州工作，2020年新冠疫情暴发，我又主动请缨，随组织“飘”到武汉，与病毒正面“硬刚”。

胡漂医生始终保持积极心态带动病人

在战“疫”打响的第一时间，我积极响应党的号召，主动报名参加杭州市萧山区新冠肺炎专家组，在战“疫”的最前线，全身心以战斗姿态投入救治工作，开展疑似病人筛查、会诊及确诊病例的治疗，与时间竞速，与病毒赛跑。光在杭州萧山，我就连续奋战了大半个月，没回过一次家。

2020 年 2 月 8 日深夜，我接到上级动员驰援武汉的紧急电话，与爱人短暂沟通后，我决定出征。我在这边是一线，到了那边也是一线，何不去帮助更需要帮助的患者？我爱人以前是一名军人，现在在街道当副书记，疫情暴发的时候，我在医院忙救治，他在社区搞防控，我们两个人好久没见过面。说不害怕是不可能的，我是医生，不是神仙，病毒来势汹汹，我们对它还认识不足，随时有可能被感染，命悬一线。但现在组织需要我，人民需要我，我是党员，还是个军嫂，这多重身份给我带来重大的使命感：一定要好好完成任务，并且保护好自己，我们一定能战胜疫情。

2 月 9 日晚上接到通知，2 月 10 日早上，我们医疗队就已经集合完毕、整装出发。我被任命为杭州医疗一队第四诊疗组副组长，作为萧山区第一人民医院感染科副主任医师，我也是萧山此次出征湖北的唯一一名感染科医生。

从小到大，我一直留着一头及腰长发，但在 2 月 10 日刚到武汉的那天晚上，我便请同事用医用剪刀将长发剪成了“锅盖头”，因为毛发会加大病毒的附着率，增加医生和患者的感染风险。我本以为自己会心疼、会不舍，但发辫剪下来落在地上的一刹那，我碰巧在余光里看到了病房的大门，那背后就是被罩在呼吸机下面的病人。瞬间，我的心里只有坚定，我们知道：这场仗，我们必须赢！

在杭州紧急医疗队到达的第一个晚上，我们便收治了47个病人。第二天，医疗队的100个床位就全满了。我每天要负责10个床位的病人，24小时轮班，24小时守护。我和战友们不得不习惯凌晨出发，开启“猫头鹰”式工作……

每天走进隔离病房，医疗组都要逐一仔细观察病人的情况，了解所在病区所有患者的情况往往需要四五个小时。如果有异常情况，时间还会延长。我们还需要对患者的病情进行分析，调整患者的呼吸机参数，观察患者氧合及肺部CT，关注血气及体温变化，下达医嘱，调整用药，还需要和其他医生一起进行讨论、会诊，准确了解、掌握好隔离病房里每一位患者的病情。

穿戴好隔离衣、防护服、N95口罩、防护眼罩等一套防护设备后，原先做起来轻松的动作也会变得困难，只需要2小时，不透气的防护服就能让我洗个“汗水澡”，但患者那一双双急切的眼睛，让我丝毫顾不得这些。

在医疗队中，我应该算是身材比较矮小的人了，但很多同事都感叹说：“胡医生，你长得这么柔弱，为什么这么风风火火，啥都能坚持？”无论是在萧山，还是在武汉，我一直咬着牙坚守在防疫一线，因为我觉得，如果我都松劲儿了，那病人们怎么办？如果我慢下来，怎么跟死神争分夺秒抢病人？

在我负责的病区里有一对夫妻，丈夫的病情较为严重。夫妻俩虽然同在一个屋檐下，但因为病情无法碰面，只能通过医生来传达彼此的情况，每次看到他们，我心里都难过得不行。而有一次当我想把这对夫妻的病情传达给他们的家属时，才发现他们的女儿也在接受救治。那一瞬间我简直泪如雨下，这场疫情分离了多少家庭，我必须全力以赴，跟它死磕到底！

我是舅太公邵飘萍的后人，我是老共产党人的孙女，虽然生在和平年代，但在抗疫一线我真的感受到了前所未有的使命感，也些许体会到了老一辈人面对“国破山河在”时，心中油然而生的侠义之心！我想造一艘船，一艘很大很坚固的船。在船上，我们握稳舵盘、把准航向、齐力划桨、乘风破浪，载着所有新冠肺炎患者驶向健康、美好的彼岸。

我心疼病人，也心疼同事。面对病房里压抑的氛围，作为医生更需要调整好自己的心态，这样才能带动病人积极恢复。援鄂医疗队面临着全新的工作环境。为了尽快熟悉工作，我和战友们一起反复梳理防护流程，严抓防护要点，尽快熟悉、适应了工作环境和内容，也做好防护，最大程度地保护好自己。

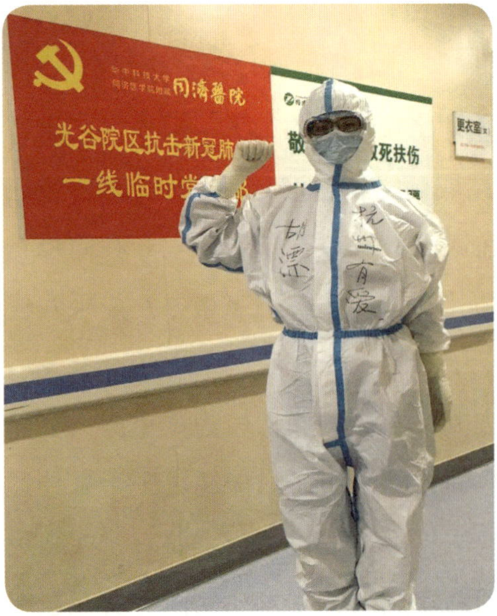

在武汉的52天，胡漂医生尽心尽责

直到完成援鄂任务，我都没有告诉家里我来了武汉，他们还以为我在萧山的医院里救治病人呢。有一天，父亲让姐姐微信转给我一张小纸条，上面大概写着他近期的用药情况，他头晕犯了就去卫生院配了些药，让我给他把把关，接下怎么治疗休养比较好。父亲轻易不给我打电话，因为他知道我平时工作非常忙，甚至没时间接电话，他想我了、念我了，都会写好小纸条由姐姐拍下来，再微信发给我，等我有空时再回复。

我躲在医院角落里给父亲回了个电话，强忍着泪水，控制着情绪，我生怕一不小心哭出声，让他们发现我已经到了武汉，到了当时全国最危险的地方。虽然我知道，行侠仗义、无私奉献的事儿，父亲绝对会支持我的决定，但我愿尽我所能、一往无前，不想让任何一个人多担心。

在武汉的52天里，我和同事们尽心尽责，精心医治，我们负责的病区治愈率高达92%。时代的一粒灰，落在个人头上，就是一座山。而这座山，唯有满怀侠义之心，才能互相帮助，协力抬起。

其实很小的时候，我便知道自己是杰出的无产阶级新闻战士邵飘萍的后人，是坚定的共产党人胡纪松的后代。但那时我很少在别人面前提及这些，因为在我心中，他们只是我们家族里的先人、长辈，他们的故事也如拼图的碎片一样散落在我脑海中。但随着我的长大，那些故事中像火种一样的精神力量，开始在我的生命中越烧越明、越燃越旺。我意识到：正是这样传承四代的家风，让我拥有关爱他人的底气，拥有严于律己的志气，拥有无私奉献的侠气，拥有敢为天下先的勇气，我深深地以我的先人为荣，以我的家族为荣！

（供图 / 胡漂）

后记

红色家风　赓续传承

《红色家风　薪火相传》是健坤慈善基金会“家风的力量”系列丛书中的一本，很荣幸携手婚姻与家庭杂志社的老师们共同协作完成这部作品。

健坤慈善基金会自2016年成立之初就致力于家庭家教家风的建设，至今发起并开展了多项家风公益项目。基金会以“传承好家风，兴家强国”为己任，“家风的力量”系列丛书的出版有利于进一步传承和弘扬良好家风。

书中细腻地讲述革命先辈的家风故事，重温他们的奋进历程，他们把信仰、教育、修养、气质、智慧、为人处世等内容通过日积月累传承了下来，潜移默化中形成了家庭特有的血脉——红色家风。这些共产党人的红色家风故事感人至深、催人奋进，深刻诠释了坚持真理、坚守理想，践行初心、担当使命，不怕牺牲、英勇斗争，对党忠诚、不负人民的伟大建党精神，带动广大家庭传承红色基因，赓续红色血脉，朴素、真实中体现着爱党爱国爱家的家国情怀。

我们正在为实现“两个一百年”奋斗目标和中华民族伟大复兴的中国梦而努力奋斗。在这一伟大历史征程中，红色家风能够为我们提供强大精神动力。这正是以“小家”促“大家”，好家风带动好社风，兴家强国之路。

马世樱